Bernhard Wolff

30 Minuten

Kreativität im Job

W0049295

Bibliografische Information der Deutschen Nationalbibliothek

Die Deutsche Nationalbibliothek verzeichnet diese Publikation in der Deutschen Nationalbibliografie; detaillierte bibliografische Daten sind im Internet über http://dnb.d-nb.de abrufbar.

Umschlaggestaltung: die imprimatur, Hainburg
Umschlagkonzept: Martin Zech Design, Bremen
Lektorat: Eva Gößwein, Berlin
Grafiken: Bernhard Wolff, Think-Theatre GmbH
Autorenfoto: Chris Hirschhäuser
Satz: Zerosoft, Timisoara (Rumänien)
Druck und Verarbeitung: Salzland Druck, Staßfurt

© 2018 GABAL Verlag GmbH, Offenbach

Alle Rechte vorbehalten. Nachdruck, auch auszugsweise, nur mit schriftlicher Genehmigung des Verlags.

Hinweis:
Das Buch ist sorgfältig erarbeitet worden. Dennoch erfolgen alle Angaben ohne Gewähr. Weder Autor noch Verlag können für eventuelle Nachteile oder Schäden, die aus den im Buch gemachten Hinweisen resultieren, eine Haftung übernehmen.

Printed in Germany

ISBN 978-3-86936-847-4

In 30 Minuten wissen Sie mehr!

Dieses Buch ist so konzipiert, dass Sie in kurzer Zeit prägnante und fundierte Informationen aufnehmen können. Mithilfe eines Leitsystems werden Sie durch das Buch geführt. Es erlaubt Ihnen, innerhalb Ihres persönlichen Zeitkontingents (von 10 bis 30 Minuten) das Wesentliche zu erfassen.

Kurze Lesezeit

In 30 Minuten können Sie das ganze Buch lesen. Wenn Sie weniger Zeit haben, lesen Sie gezielt nur die Stellen, die für Sie wichtige Informationen beinhalten.

- Alle wichtigen Informationen sind blau gedruckt.

- Schlüsselfragen mit Seitenverweisen zu Beginn eines jeden Kapitels erlauben eine schnelle Orientierung: Sie blättern direkt auf die Seite, die Ihre Wissenslücke schließt.

- *Zahlreiche Zusammenfassungen innerhalb der Kapitel erlauben das schnelle Querlesen.*

- Ein Fast Reader am Ende des Buches fasst alle wichtigen Aspekte zusammen.

- Ein Register erleichtert das Nachschlagen.

Inhalt

Vorwort

Durch gesellschaftliche und technologische Entwicklungen verändert sich unsere Arbeitswelt rasant, und mit dieser Veränderung gewinnt eine Fähigkeit an Bedeutung, die lange Zeit nur Künstlern und Werbeprofis zugeschrieben wurde: Kreativität.

Die Fähigkeit, etwas Neues und zugleich Nützliches hervorzubringen, einfallsreich zu sein und sich hierfür offen mit anderen Menschen auszutauschen, wird zunehmend zum Karriere- und Erfolgsfaktor. Das gilt für Mitarbeiter großer Organisationen genauso wie für Selbstständige. Es geht nicht mehr darum, alles immer effizienter zu machen. Es geht darum, alles zu hinterfragen und sich ideenreich auf Veränderungen einzulassen. Kreativität ist der Rohstoff, mit dem wir unsere Zukunft gestalten.

Was aber bedeutet das für Sie ganz konkret? Für Ihren Job? Für Ihren Arbeitsalltag? Welche Grundprinzipien sind zu beachten? Welche Rolle spielt die Kommunikation unter Kollegen und im Team? Welche Spielräume können Sie nutzen, um die eigene Kreativität einzusetzen? Was sind die richtigen Arbeitsweisen? Und welche Hindernisse sind aus dem Weg zu räumen?

Um diese Fragen zu beantworten, ist dieses Buch bewusst keine der üblichen Auflistungen von Kreativitätstechniken. Denn so wenig es nützt, sich einen Hammer zu kaufen, um ein Haus zu bauen, so wenig nützt eine einzelne Kreativtechnik, um im Job zu innovativen

Lösungen zu kommen. Wichtiger als einzelne Werkzeuge ist ein Grundverständnis für kreative Prozesse und deren Rahmenbedingungen. Dieses Grundverständnis möchte ich Ihnen kompakt und motivierend vermitteln.

Meine Perspektive als Autor ist dabei nicht die eines Wissenschaftlers, sondern die eines Praktikers. Seit etwa 30 Jahren arbeite ich in kreativen Berufen – vom Werbetexter in einer großen Agentur über den Rückwärtssprecher im Varieté bis hin zum Moderator internationaler Tagungen und Konferenzen. Regelmäßig halte ich Vorträge und führe Workshops in Unternehmen durch. Hautnah erlebe ich dabei, wann Menschen kreativ sind und wann nicht. Und wenn es einen wesentlichen Erfolgsfaktor gibt, dann ist es die offene und vertrauensvolle Kommunikation. Entsprechend lege ich hier einen Schwerpunkt. Zudem gibt dieses Buch viele praktische Hinweise, verweist auf hilfreiche Literatur und soll Ihnen Lust machen auf Ideen – und darauf, die eigene Kreativität im Job zu entfalten.

Viel Freude und Erfolg wünscht Ihnen dabei

Ihr Bernhard Wolff
www.bernhard-wolff.de

30 MINUTEN

1. Sichtweisen auf Kreativität

In diesem Buch geht es nicht um Origami. Es geht um Kreativität, die ihre Anwendung im Job findet. Diese Kreativität zielt auf handfeste Ergebnisse: auf den Nutzen von Kunden und Anwendern, auf die Innovation von Produkten und Dienstleistungen, auf eine agile Arbeitsweise und auf eine offene und lebendige Kommunikation. Außerdem geht es um Ihren ganz persönlichen Nutzen: um Ihre Karriere und Ihre Zufriedenheit mit dem eigenen Lebens- und Arbeitsmodell.

Im ersten Kapitel werde ich Ihnen relevante Bedeutungen des Begriffs vorstellen, die Erforschung des Themas skizzieren und dabei eine Brücke schlagen von der Kreativität des Einzelnen hin zur Innovationsfähigkeit einer Organisation.

1.1 Kreativität als Persönlichkeitsmerkmal

Kreativität ist die Fähigkeit, originelle, produktiv-schöpferische und problemlösende Leistungen hervorzubringen. Oder kurz: etwas Neues und zugleich Nützliches zu schaffen.

Wir schreiben diese Fähigkeit seit Jahrhunderten einzelnen Menschen zu. Wir verbinden Kreativität mit besonderen Persönlichkeiten und deren Leistungen. Das allerdings ist nur ein Teil der Wahrheit. Die aktuelle Forschung zeigt, dass Kreativität ein Phänomen ist, bei dem viele und komplexe Einflüsse eine Rolle spielen. Wenn Sie beispielsweise privat vor Ideen sprühen, aber im Job Stillstand herrscht, dann bedeutet dies, dass Ihre Kreativität auch von Ihrer Arbeitsumgebung, vom Zeitdruck vor einem Präsentationstermin, von der Stimmung im Team oder vom Grad Ihrer beruflichen Vernetzung abhängen kann.

Die vorwissenschaftliche Erklärung

Über viele Jahrhunderte dominierte eine vorwissenschaftliche, mystische Erklärung von Kreativität: Der schöpferische Mensch wird durch ein göttliches oder spirituelles Wesen mit Inspiration erfüllt und ergießt diese Inspiration dann in weltliche und wahrnehmbare Werke – seien es Kunstwerke, Erfindungen oder große Ideen. Diese Menschen galten als Genies, ihre Fähigkeiten als angeboren und nicht erlernbar.

Das mystische Verständnis von Kreativität hallt bis heute nach. Noch immer lebt der Mythos vom kreativen Genie mit überragender schöpferischer Geisteskraft, das allein und im stillen Kämmerlein seine Meisterwerke vollbringt. Dieser Mythos ist allerdings genauso falsch wie die Annahme, dass Innovationen nur von bestimmten Kollegen in der Forschung und Entwicklung hervorgebracht werden können. Auch im Job neigen wir dazu, Kreativität einzelnen Berufsgruppen oder Fachabteilungen zuzuschreiben. In Wahrheit aber ist die Vernetzung und Zusammenarbeit über Abteilungs- und Funktionsgrenzen hinaus erfolgsentscheidend.

Abschied vom Geniemythos

Erst in der Neuzeit verlor das göttliche Wesen sein Monopol als Schöpfer und Inspirationsquelle der Genies. Die schöpferischen Fähigkeiten des Individuums wurden erkannt und die aufkommenden Wissenschaften machten sich auf die Suche nach konkreten Erklärungen. Je nach wissenschaftlicher Ausrichtung fielen diese Erklärungen unterschiedlich aus:

In der ersten Hälfte des 20. Jahrhunderts vermutete die Psychoanalyse, dass kreative Werke ein Ausdruck unbewusster Bedürfnisse sind – und dass sie der Spannung zwischen der bewussten Realität und den unbewussten Trieben entspringen.

Die Gestalttheorie hingegen beschreibt Kreativität als willentlichen Prozess zur Erreichung eines Ziels: Sobald ein Individuum ein Ziel vor Augen hat, aber nicht weiß, wie dieses erreicht werden kann, entsteht ein Problem, eine offene Figur. Durch produktives Denken wird dieses Problem gelöst, bis die Figur geschlossen und das Ziel erreicht ist. Produktives Denken beschreibt nach Max Wertheimer das Generieren neuer Erkenntnisse – im Gegensatz zum reproduktiven Denken, das lediglich bekannte Lösungsstrategien nutzt, um ein Ziel zu erreichen.

Weil die Gestalttheorie den kreativen Prozess als Mittel zur Zielerreichung und Selbstverwirklichung beschreibt, ist sie der Kreativität im Job, um die es hier geht, sicherlich näher als die Psychoanalyse.

Die psychologische Forschung startet durch

Richtig Schwung aufgenommen hat die Kreativitätsforschung erst in der Mitte des 20. Jahrhunderts. Die Initialzündung war eine Keynote Speech von J. P. Guilford, dem Präsidenten der APA (American Psychological Association), auf deren Jahreskonferenz 1950. In seiner Rede behauptete er, jeder Mensch sei von Natur aus kreativ. Und er forderte seine Zuhörer auf, Kreativität wissenschaftlich zu erforschen. Das war ungewöhnlich. Denn die meisten seiner Kollegen hingen zu dieser Zeit dem Behaviorismus an, einer psychologischen Schule, die sich strikt auf beobachtbares Verhalten stützt. Das Erforschen kreativen Denkens galt als unwissenschaftlich, weil Kreativität (noch) nicht beobachtbar und empirisch zugänglich war.

Wie Intelligenz wurde Kreativität zunächst als Persönlichkeitsmerkmal aufgefasst. Intelligenz und Kreativität unterscheiden sich jedoch in der Strategie des Denkens: Während Intelligenz konvergentes Denken erfordert, also das analytische Ermitteln der einen richtigen Lösung, erfordert Kreativität divergentes Denken, also das Generieren möglichst vieler Alternativen für eine Lösung. Entsprechend haben viele psychologische Kreativitätstests zunächst die Fähigkeit zum divergenten Denken gemessen. Ein Klassiker ist der „Unusual Uses Test", bei dem es darum geht, möglichst viele und ungewöhnliche Verwendungen für einen Alltagsgegenstand zu finden.

Auf der Suche nach kreativen Überfliegern

Das Interesse der Forscher richtete sich vor allem auf anerkannte Leistungsträger wie Nobelpreisgewinner, Unternehmer und Erfinder. Die Überlegung dahinter: Wenn man die Persönlichkeitsmerkmale dieser Höchstleister kennt, dann müssten sich Menschen mit ähnlichen Merkmalen finden und ebenfalls zu Höchstleistern entwickeln lassen. Schon hier ging es um die Suche nach Talenten.

Am bekanntesten sind die Merkmale, die der ungarisch-amerikanische Psychologe und Kreativitätsforscher Mihály Csíkszentmihályi 1996 auf Basis einer Studie in seinem Buch „Creativity" vorstellte. Er kommt zu dem Ergebnis, dass die kreative Persönlichkeit hochkomplex ist und in zehn Dimensionen gegenpolige Eigenschaften und Fähigkeiten in sich vereint:

Eigenschaften kreativer Höchstleister
- Konzentration und Entspannung
- Weisheit und Naivität
- Disziplin und Spieltrieb
- Realitätssinn und Fantasie
- Extraversion und Intraversion
- Stolz und Demut
- Männlichkeit und Weiblichkeit
- Tradition und Rebellion
- Objektivität und Leidenschaft
- Freude und Schmerz

Die kreative Persönlichkeit scheint also ihre Schaffenskraft aus einer Widersprüchlichkeit zu generieren, die auf Außenstehende irritierend wirken kann. Dies nährt den Mythos vom kreativen Genie an der „Grenze zum Wahnsinn". Allerdings untersucht die Studie von Csíkszentmihályi nur den Typ Mensch, der seine gesamte Aufmerksamkeit und Lebensenergie exzessiv auf ein einzelnes Aufgabenfeld fokussiert. Alltagskreativität – zum Beispiel im Job – setzt eine solch extreme Persönlichkeitsstruktur nicht voraus.
In der Forschungsliteratur wird unterschieden in Creativity mit großem „C", diese bezieht sich auf Höchstleister und Koryphäen, und creativity mit kleinem „c", diese bezieht sich auf Herausforderungen und Probleme im Alltag.
Bereits 1975 hatte sich Csíkszentmihályi mit seinem Konzept des „Flow" als intrinsisch motiviertem Zustand schöpferischer Leidenschaft einen Namen ge-

macht. „Im Flow sein" bedeutet, selbstvergessen und ohne Zeitempfinden, intrinsisch motiviert, in einer Tätigkeit aufzugehen.

Kreativität ist mehr als ein Merkmal

Zufrieden und produktiv arbeiten Menschen, bei denen Persönlichkeitsmerkmale und erworbene Fähigkeiten kongruent sind mit den Jobanforderungen. Der sogenannte „Fit" muss stimmen. Unternehmen nutzen Persönlichkeitsmodelle und entsprechende Tests, um die passenden Mitarbeiter zu finden. Das in Deutschland verbreitete DISG-Modell zum Beispiel kennt die vier Typen: dominant, initiativ, stetig und gewissenhaft. Kreativität – im Sinne eines Persönlichkeitsmerkmals – wird hier vor allem dem initiativen Grundtyp zugeschrieben. Über kreative Fähigkeiten können jedoch alle Grundtypen verfügen, denn diese lassen sich trainieren und entwickeln.

Kreative Höchstleistungen werden häufig von Menschen erbracht, die scheinbar gegensätzliche Persönlichkeitsmerkmale in sich vereinen. Kreativität hängt jedoch nicht von angeborenen Merkmalen oder bestimmten Talenten ab. Für den Einsatz im Job können kreative Kompetenzen erworben und entwickelt werden.

1.2 Kreativität im Kontext

Sehr lange hat sich die Erforschung der Kreativität im Dunstkreis der Persönlichkeitspsychologie bewegt. Kreativität galt als Merkmal oder Fähigkeit eines Individuums. Kreativität wurde erklärt durch das, was in einer Person steckt, und nicht durch das, was sie umgibt. Erst die Soziologie und die Sozialpsychologie erweiterten diese Sichtweise. Plötzlich ging es um die Gruppe, das Umfeld, den Prozess. Dieser neue Ansatz wurde befeuert durch das Buch „Creativity in Context" der Harvard-Professorin Teresa M. Amabile, das 1983 erstmals erschien. Von diesem Buch aus lässt sich ein roter Faden spinnen bis zur heutigen Innovations- und Motivationsforschung.

Im soziokulturellen Modell der Kreativität wird eine „Dreiecksbeziehung" beschrieben zwischen:

- Person, ggf. mit Team (person)
- Fachgebiet bzw. Branche (domain)
- Umfeld, Akteure des Fachgebiets (field)

Die Ideen einer Person oder eines Teams (person) können nur dann als kreativ, also als neu und nützlich bezeichnet werden, wenn die Menschen im Umfeld (field) den Neuheitswert und die Nützlichkeit anerkennen. Ist dies der Fall, halten diese Ideen Einzug in die Branche oder das Fachgebiet (domain). Die intensive Aneignung eines Fachgebiets wiederum ist die Voraussetzung dafür, dass eine Person überhaupt eine relevante Idee hervorbringen kann. So schließt sich der Kreis. Dieses Modell gilt für die hohe Kultur genauso wie für die Wirtschaft. Es gilt für Jazzmusik genauso wie für die Entwicklung von Software. Der US-amerikanische Psychologe R. Keith Sawyer stellt die Wechselwirkung zwischen Person, Fachgebiet und Umfeld in seinem sehr empfehlenswerten Buch „Explaining Creativity" ausführlich dar.

Was innovativ ist, entscheidet der Kunde

Das soziokulturelle Modell der Kreativität zeigt bereits die Grundstruktur von Innovationsprozessen: Aus den vielen Ideen eines Projektteams werden diejenigen ausgewählt, die für den Kunden oder Anwender besonders nützlich erscheinen. Zusätzlich muss die Machbarkeit gewährleistet sein. Die Auswahl der Ideen erfolgt durch sogenannte „Gatekeeper" – das sind diejenigen Akteure, die im sogenannten Stage-Gate-Modell wie eine Jury entscheiden, ob eine Idee in die nächste Runde kommt und ob sie über Prototypen zur Marktreife weiterentwickelt wird. Ob eine Idee zur Innovation wird, entscheiden final jedoch immer die Kunden oder Anwender. Denn es gilt: Erst ihr Erfolg macht die Innovation zur Innovation! Und nur dann verändert sie einen Markt, eine Branche oder ein Anwendungsfeld.

Nur wer seinen Job kann, kann kreativ sein

Das soziokulturelle Modell beinhaltet eine wichtige Erkenntnis: Kreativität im Job setzt voraus, sein Fachgebiet zu beherrschen. Aber nicht nur das. Auch die

Kenntnis kreativer Methoden und Arbeitsweisen muss gegeben sein. Und natürlich ist Motivation notwendig, um überhaupt kreativ tätig zu werden. Teresa M. Amabile beschreibt diese Voraussetzungen in ihrem Drei-Komponenten-Modell der kreativen Leistungsfähigkeit.

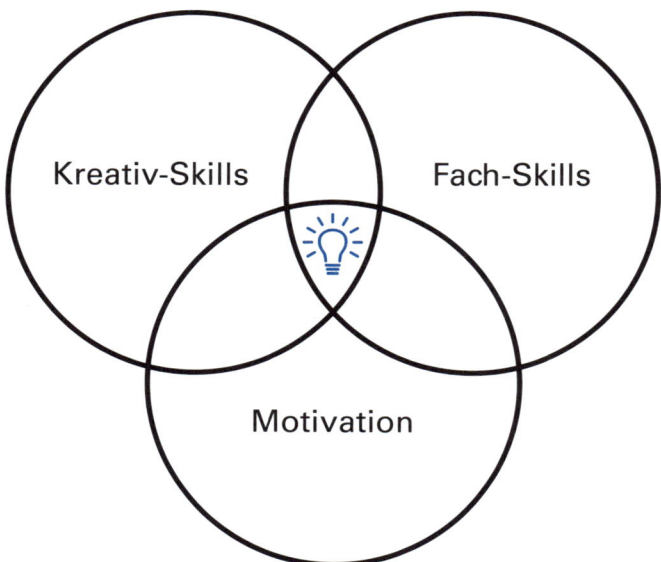

Abb. 1: Kreative Leistungsfähigkeit nach Amabile

Voraussetzungen für kreative Leistungsfähigkeit
- Fach-Skills: Wissen und Fähigkeiten in Bezug auf das jeweilige Fachgebiet
- Kreativ-Skills: Fähigkeiten und Erfahrungen im Umgang mit Kreativtechniken und Innovationsmethoden

- Motivation: intrinsische Motivation und positive Haltung der konkreten Herausforderung oder Aufgabe gegenüber

Dieses Modell ist ein wichtiger Kompass in Bezug auf Ihre Kreativität im Job. Sie werden feststellen: Immer wenn die Ideen sprudeln, sind alle drei Voraussetzungen in hohem Maße erfüllt. Fehlt jedoch nur eine der Voraussetzungen, ist Ihre kreative Leistungsfähigkeit ausgebremst. Reflektieren Sie also diese drei Komponenten und berücksichtigen Sie diese bei Ihrer beruflichen Entwicklung.

Ideen entstehen in mehr als einem Kopf

Eine weitere wichtige Erkenntnis verdanken wir der Sozialpsychologie: Kreativität ist nur selten die Aktivität eines Einzelnen. Die meisten Neuerungen kommen durch Aktivitäten von Teams, Gruppen oder Netzwerken zustande. Man spricht hier von Gruppenkreativität oder auch von kollaborativer Kreativität. Trotzdem werden bedeutende Erfindungen und Innovationen häufig mit nur einem einzigen Namen verbunden: die Glühbirne mit Edison, das iPhone mit Steve Jobs, die Riesterrente mit Herrn Riester. Dies hat mehr mit der Vermarktung und dem Storytelling zu tun als mit einer kreativen Einzelleistung. Denn um diese Namen herum sind viele gut vernetzte Akteure und Teams mit vielseitigen Kompetenzen notwendig, um das Neue in die Welt zu hieven.

Teamfähig statt durchgeknallt

Machen Sie sich bewusst, dass kreativ sein nicht bedeutet, dass Sie von Natur aus ein wahnsinnig kreativer Typ sind, der eine Idee nach der anderen in die Runde schmettert. Vielmehr geht es darum, dass Sie in Ihrer beruflichen Rolle gemäß Ihren Fähigkeiten und Stärken zum Gelingen eines kreativen Prozesses beitragen.

Falls Ihnen also jemand im beruflichen Kontext, zum Beispiel in einem Bewerbungsgespräch, die Frage stellt: „Halten Sie sich eigentlich für kreativ?", dann wäre die falsche Antwort: „Ja sehr, ich habe auch privat viele Ideen und koche ohne Kochbuch." Besser wäre die Antwort: „Ja, ich weiß genau, wie ich in einem Team dazu beitragen kann, dass etwas Neues entsteht und dass Dinge sich verändern."

Innovation hat viele Gesichter

Es gibt in Teams sehr unterschiedliche Möglichkeiten, zum kreativen Erfolg beizutragen, und zwar abhängig davon, welche Rolle Sie einnehmen. Der legendäre Gründer der kalifornischen Innovationsschmiede IDEO, Tom Kelley, hat in seinem Buch „The Ten Faces of Innovation" zehn Rollen herausgearbeitet, die sich auf die drei Grundfunktionen Lernen, Organisieren und Gestalten verteilen:

Drei Rollen mit Fokus auf „Lernen"

- Anthropologist – der Menschenkenner: beobachtet genau, kann sich in Team, Kunden und Anwender einfühlen, sorgt für Verständnis.

- Experimenter – der Experimentierer: probiert gern aus, testet die Ideen der anderen, lernt aus Fehlern und optimiert.
- Cross-Pollinator – der Querverbinder: denkt quer und kombiniert Ideen, Konzepte und Ansätze aus unterschiedlichsten Quellen.

Drei Rollen mit Fokus auf „Organisieren"
- Hurdler – der Hindernisläufer: nimmt neue Probleme und Aufgaben sportlich und zeigt unermüdlich neue Wege auf.
- Collaborator – der Zusammenarbeiter: sorgt für eine fruchtbare Zusammenarbeit und die gute Atmosphäre im Team.
- Director – der Regisseur: hat den Blick fürs Ganze, setzt Ressourcen richtig ein und spricht für die Gruppe.

Vier Rollen mit Fokus auf „Gestalten"
- Experience Architect – der Erlebnisdesigner: schafft Erlebnisse und Emotionen für Kunden und Anwender, sucht das Besondere.
- Set-Designer – der Raumgestalter: hat ein besonderes Auge für inspirierende Umgebungen und Räume.
- Caregiver – der Fürsorger: kümmert sich um einzelne Teammitglieder, gestaltet Beziehungen, agiert als Vertrauensperson.
- Storyteller – der Geschichtenerzähler: denkt und kommuniziert in Bildern und Geschichten, sorgt für Action.

Die zehn Rollen sind nicht trennscharf voneinander abgegrenzt, und ein Einzelner kann durchaus mehrere und wechselnde Rollen einnehmen. Die kreative Arbeit verläuft umso fruchtbarer, je mehr der zehn Rollen im Team vertreten sind.

Kreativität im Job ist eingebettet im soziokulturellen Kontext: Kunden, Anwender und Experten entscheiden darüber, was als „neu und nützlich" gilt und als Innovation eine Branche verändern kann. Im Team ist entscheidend, ob Fach-Skills, Kreativ-Skills und Motivation vorhanden sind, welche Rollen eingenommen werden und wie der kreative Prozess gestaltet wird.

1.3 Kreativität als Prozess

Kreativität bedeutet, dass etwas Neues und Nützliches entsteht. Also ist Kreativität auch als Prozess beschreibbar: Ein Zustand A wird in einem zeitlichen Verlauf so verändert, dass ein neuer und nützlicherer Zustand B eintritt. Dies kann die Entwicklung eines Produkts betreffen, die Neugestaltung eines Online-Auftritts, die Reparatur eines Deiches bei Hochwasser und vieles mehr.

Die Initialzündung
Am Anfang eines kreativen Prozesses steht entweder ein Problem oder eine Chance. Denn die Grundmotiva-

tion für eine Veränderung ist entweder Schmerzvermeidung (durch kreatives Beheben eines Problems) oder Lustgewinn (durch das Nutzen einer Chance). Zufriedenheit mit dem Status quo kann Kreativität verhindern, weil die Motivation fehlt, sich auf Ideensuche zu begeben – und hierfür Aufmerksamkeit, Zeit und Geld zu investieren. Die Saturiertheit mancher großer Unternehmen ist diesen zum Verhängnis geworden. Zukunftsdenken und Chancenerkennung sind im Wettbewerb unabdingbar.

Dauer und Phasen des Prozesses

Ein kreativer Prozess kann Monate dauern: zum Beispiel wenn es um die Entwicklung neuer Geschäftsmodelle geht. Er kann Wochen dauern: zum Beispiel bei der Entwurfsplanung für ein Mehrfamilienhaus. Er kann aber auch in wenigen Minuten durchlaufen werden: zum Beispiel in einem Projektmeeting bei der Suche nach einem Eventmotto.

Der kreative Prozess durchläuft dabei immer sehr ähnliche Phasen. Die Erforschung der Kreativität wurde begleitet von Modellen, die diese Phasen definieren und beschreiben. Für Ihre Kreativität im Job ist es ausgesprochen hilfreich, diese Phasen und ihre Erfordernisse zu kennen. Denn in jeder Phase sind andere Arbeitstechniken und andere Verhaltensweisen gefragt. In einem Meeting zum Beispiel muss klar sein, ob Sie noch in der Phase der Problemdefinition oder schon in der Ideenfindung sind. Oder vielleicht sogar schon in der Bewertung.

In jeder Phase sind unterschiedliche Teammitglieder und unterschiedliche Kompetenzen gefragt.

Die Grundlage für die Beschreibung kreativer Prozesse legte bereits 1926 der britische Psychologe und Ökonom Graham Wallas in seinem Werk „The Art of Thought". Er beschreibt den Prozess in vier Phasen, die in ihren Grundzügen noch heute Gültigkeit besitzen:

Das „klassische" Vier-Phasen-Modell nach Wallas
1. Präparation – Definition und Analyse des Problems
2. Inkubation – vielfältige (unbewusste) Lösungssuche
3. Illumination – Sichtbarwerden von Ideen
4. Verifikation – Bewerten und Testen der Ideen

1. Phase: Präparation

Die Präparation beginnt mit dem Erkennen eines Problems oder der Wahrnehmung einer Chance. Es kann sich um ein Innovationsvorhaben handeln, um einen Kundenauftrag für ein Konzept oder auch um eine plötzliche Störung, die schnell und einfallsreich behoben werden muss. Alle Aspekte der Herausforderung werden erfasst und analysiert. Wünsche und Ziele werden erörtert. Standardlösungen sind in kreativen Prozessen – per Definition – nicht verfügbar. Deshalb gilt: Die Suche nach Ideen kann und muss beginnen.

2. Phase: Inkubation

Die Inkubationsphase umfasst das Suchen nach Ideen und Lösungen, nachdem die analytische Beschäftigung

1. Sichtweisen auf Kreativität

mit dem Problem abgeschlossen ist oder unterbrochen wurde. Diese Suche erfolgt entweder unbewusst und zufällig (das ist die klassische Definition) oder planvoll mittels bestimmter Kreativtechniken (das ist die zeitgemäße Vorgehensweise). In dieser Phase entstehen Assoziationen und Querverbindungen. Es werden Gedanken und Konzepte kombiniert, was schließlich zu Ideen und Lösungen führt.

In kreativen Prozessen im Team wird die Inkubation selten dem Zufall oder dem Unbewussten überlassen. Weil Teams in einer bestimmten Zeit zu einem Ergebnis kommen müssen, wird diese Phase systematisiert. Den Ideen wird mit bestimmten Methoden und Techniken auf die Sprünge geholfen (dazu mehr in Kapitel 2). Das schließt allerdings nicht aus, dass sich die Suche auch unbewusst fortsetzt. Denn das letzte Puzzleteil für eine Lösung kann durch einen unabsehbaren Gedanken gefunden werden, der sich jeder methodischen Planung entzieht. Entspannung und Abstand zum Problem sowie die Suche nach Inspiration sind dafür gute Voraussetzungen. Im Job können schon ein paar Minuten weg vom Schreibtisch helfen – oder eine spontane Pause im Meeting. Und manchmal kommt es auch erst zu Hause unter der Dusche, beim Paddeln auf dem See oder auf einer langen Autofahrt zur sogenannten Illumination.

3. Phase: Illumination

Illumination ist die Phase der Erleuchtung. Sie beginnt in dem Moment, in dem eine Idee ins Bewusstsein tritt.

Oder falls es um Kreativität in Gruppen geht: in dem Moment, in dem die Pinnwand voller Ideen-Zettel erstrahlt. Egal in welcher Form die generierten Ideen sichtbar und erlebbar werden, dieser Moment ist der emotionalste und signifikanteste im gesamten kreativen Prozess. Es ist der viel zitierte Heureka-Moment, das Aha-Erlebnis. Der kreative Mensch erlebt ein motivierendes Hochgefühl. In Gruppen und bei Anwendung von Kreativmethoden umfasst die Illumination auch die strukturierte Darstellung und Präsentation der Ideen – unterstützt durch Entwürfe und Prototypen. Ein Spezialfall der Illumination ist das Finden einer Lösung, nach der man gar nicht gesucht hat, dieses Phänomen heißt Serendipity.

4. Phase: Verifikation
In der vierten Phase, der Verifikation, wird die Idee auf ihren Nutzen, ihre Machbarkeit, ihre Finanzierbarkeit und ihre Marktchancen hin überprüft. Hier kommen Experten und Entscheider zum Zuge. Das letzte Wort haben Kunden und Anwender: Die Verifikation ist erfolgt, wenn die Idee als Innovation am Markt erfolgreich ist.

Weiterentwicklung des Vier-Phasen-Modells
Seit 1926 wurde das Vier-Phasen-Modell von Wallas immer wieder variiert und weiterentwickelt. Grundlage vieler heutiger Innovationsprozesse ist eine Variante von Teresa M. Amabile, die sie in ihrer Arbeit „A

Model of Creativity and Innovation in Organizations"
vorschlägt: In ihrem praxisnahen Fünf-Stufen-Modell
gibt es keine schwammige Inkubations- oder Illumina-
tionsphase mehr, sondern nur noch eine Phase der
methodisch fundierten Ideengenerierung. Zudem verweist sie in ihrem Modell darauf, auf welcher Stufe des
Prozesses welche der drei Komponenten der kreativen
Leistungsfähigkeit (Fach-Skills, Kreativ-Skills, Motivation) erforderlich sind:

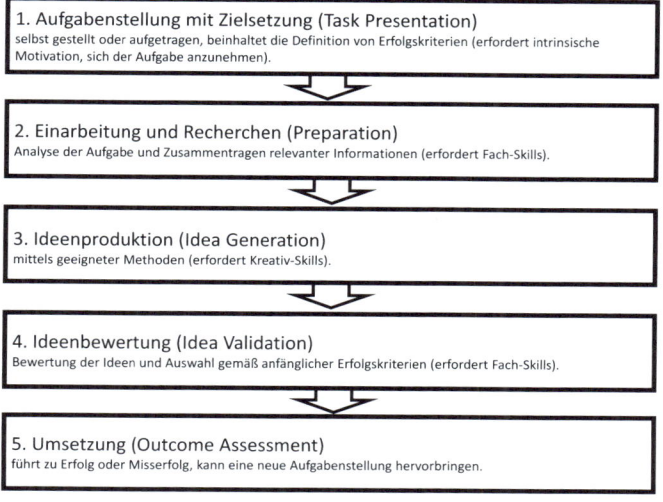

Abb. 2: Fünf-Stufen-Modell der Kreativität und Innovation

Das Fünf-Stufen-Modell hilft Ihnen, kreative Projekte
zu reflektieren und mögliche Schwächen zu beheben.

Vielleicht fehlt Ihnen die intrinsische Motivation für eine Aufgabe, die Sie gerade zu lösen haben? Dann wechseln Sie die Aufgabe, das Projektteam oder im Zweifel sogar den Job! Vielleicht versuchen Sie, mit viel Begeisterung, aber ohne wirklich ausreichende Fachkenntnisse Erfolgsideen zu produzieren? Dann holen Sie sich einen Experten an die Seite, der Ihnen bei Recherchen und Bewertungen hilft! Vielleicht sind Sie hoch motiviert für eine Aufgabe und ein erfahrener Experte, aber Sie finden einfach keine Ideen? Dann setzen Sie gezielt geeignete Kreativtechniken und Methoden ein! Die Lektüre dieses Buchs ist ein erster Schritt.

Den Rahmen abstecken

Wichtig ist, dass Sie nicht diffus immer irgendwie kreativ sein wollen, sondern dass Sie Ziele und Projekte definieren, um den Rahmen für einen kreativen Prozess und dessen Phasen abzustecken. Solche Projekte können kleine und individuelle Vorhaben sein („Heute schreibe ich den Text für die Tagungseinladung") oder langfristige und komplexe Vorhaben im Team („Wir entwickeln die Strategie für den Produktlaunch").

Ein kreativer Prozess in Organisationen umfasst die Phasen Aufgabenstellung, Präparation, Ideenproduktion, Validierung und Umsetzung. In der Arbeitswelt werden diese Phasen systematisiert und als Projekte organisiert.

1.4 Kreativität als Erfolgsfaktor

Im Job kann Kreativität für Sie auf drei Ebenen ein Erfolgsfaktor sein:
1. ein Erfolgsfaktor für Ihre Zufriedenheit
2. ein Erfolgsfaktor für Ihre Karriere
3. ein Erfolgsfaktor für Innovation

Mit eigenen Ideen steigt die Zufriedenheit

Ihre persönliche Zufriedenheit im Job steigt, wenn Sie eigene Ideen einbringen können. In Unternehmen mit einer entwickelten Innovationskultur ist dies explizit erwünscht. In anderen Unternehmen werden Ideen von Mitarbeitern allerdings häufig zurückgewiesen oder blockiert. Geben Sie in diesem Fall nicht vorschnell auf. Suchen Sie sich Unterstützer für Ihre Ideen im Kollegenkreis. Und machen Sie Ihren Vorgesetzten deutlich, dass Ihre Ideen kein Selbstzweck sind, sondern den gemeinsamen Zielen dienen.

Manchmal ist es möglich, persönliche Hobbys und Leidenschaften im Job einzusetzen. Sehr wahrscheinlich haben Sie Fähigkeiten, von denen Ihr Arbeitgeber nichts weiß, die aber einen überraschenden Nutzen haben können: Nehmen Sie als Beispiel den Hoteldirektor, der sich für Bienen begeistert und auf dem Hoteldach Bienen züchtet, die für den Frühstückshonig sorgen. Oder den Mitarbeiter einer Versicherung, der gern Spiele erfindet – und ein Brettspiel als Trainingsbaustein für die Personalentwicklung entwickelt.

Die Karrierechancen verbessern

Ihre Karriere hängt von vielen Faktoren ab. Kreativität spielt dabei eine wichtige Rolle – und das gilt nicht nur für Tätigkeiten in der sogenannten Kreativwirtschaft oder in Start-ups. Der Innovationsdruck ist in fast allen Unternehmen so hoch, dass die Kreativität von Mitarbeitern als wichtige Ressource für die Zukunft angesehen wird. Verkaufen Sie sich aber nicht als „durchgeknallte Ideenschleuder", sondern beweisen Sie kreative Kompetenz durch:

- Offenheit und Neugier
- hohe Veränderungsbereitschaft
- Denken zum Nutzen von Kunden und Anwendern
- Kenntnis von Methoden und Kreativtechniken
- Wertschätzung der Ideen von Kollegen
- lebendiges Kommunizieren und Präsentieren
- Engagement in Innovations-Projekten
- vielseitige Vernetzung über Grenzen hinweg

Natürlich helfen diese Kompetenzen Ihrer Karriere nur dann, wenn sie von Vorgesetzten und Entscheidern wahrgenommen werden – zum Beispiel in Bewerbungen. Achten Sie also darauf, dass Sie Ihre Fähigkeiten und Projekte entsprechend dokumentieren und kommunizieren.

Ohne Kreativität keine Innovation

Kreativität ist ohne Zweifel eine Grundvoraussetzung für Innovation. Denn nur eine kreative Idee, die neu und zugleich nützlich ist, verschafft einem Unternehmen einen Wettbewerbsvorteil. Hier kann es sich um eine Produkt- oder Dienstleistungsinnovation handeln – oder auch um ein neues Geschäftsmodell.

Die Digitalisierung beschleunigt die Entwicklung. Große Unternehmen mit eingefahrenen Strukturen und Hierarchien arbeiten mit jungen Start-ups in Inkubatoren zusammen, um deren kreatives Potenzial zu nutzen. Nicht mehr Größe ist erfolgsentscheidend, sondern Geschwindigkeit. Agile Arbeitsweisen setzen sich durch. Die Arbeit nimmt neue Formen an und erfordert neue Fähigkeiten. Kreativität gehört ganz sicher dazu!

Kreativität wurde ursprünglich als Gabe, dann als Persönlichkeitsmerkmal aufgefasst. Im Job stehen jedoch der kreative Prozess und die kreative Zusammenarbeit im Vordergrund:

- *Zur kreativen Leistungsfähigkeit gehören Fach-Skills, Kreativ-Skills und intrinsische Motivation.*
- *In einem kreativen Team sind unterschiedliche Kompetenzen und Rollen erforderlich.*
- *Ein kreativer Prozess durchläuft verschiedene Phasen, in denen unterschiedliche Methoden zur Anwendung kommen.*
- *Die Kreativität von Mitarbeitern ist zentraler Erfolgsfaktor für Innovation.*
- *Innovativ ist nur, was die Zielgruppe oder der Auftraggeber als neu und nützlich bewertet.*

30 MINUTEN

2. Kreative Grundprinzipien

Es sind nur wenige Prinzipien, die all denjenigen Denk-, Kommunikations- und Arbeitsweisen zugrunde liegen, die am Ende zu einem kreativen Output führen. Sie beschreiben, was zu tun ist, um den kreativen Prozess zu befeuern und um wirklich gute Ideen zu generieren.

Die im Folgenden dargestellten Grundprinzipien entstammen keiner abstrakten Theorie, sondern der praktischen Erfahrung des Autors aus der Zusammenarbeit mit zahlreichen Unternehmen und unzähligen Moderationen, Vorträgen und Workshops. Zu den einzelnen Grundprinzipien sind exemplarisch konkrete Techniken oder Literaturverweise aufgeführt.

2.1 Autopilot ausschalten

Der „mentale Autopilot" ist eine Metapher dafür, dass wir im Alltag – sowohl beruflich als auch privat – diejenigen Denk- und Verhaltensweisen bevorzugen, mit denen wir in der Vergangenheit erfolgreich waren und unsere Ziele erreicht haben. Ein bestimmter Reiz löst eine bestimmte Reaktion aus. Wir folgen einem Muster, einer Gewohnheit, einer Routine – und zwar „automatisch" und unreflektiert. Und indem wir das tun, zementieren wir den Status quo der Vergangenheit und verhindern, dass Neues und Nützlicheres entsteht.

Durchbrechen Sie Ihre Gewohnheiten

Achten Sie mal einen Tag lang darauf, welche Gewohnheiten und Verhaltensmuster es in Ihrem Job gibt. Nur
wenn Ihnen diese bewusst sind, gelingt es, sie zu durchbrechen. Dazu gehören zum Beispiel:

- der tagtägliche Weg zur Arbeit
- die Art und Weise, wie Sie E-Mails abarbeiten
- Ihre Reaktion auf Kundenanfragen
- die Handgriffe in einem Produktionsprozess
- der typische Ablauf eines Meetings
- die Kollegen, mit denen Sie sich verabreden

Überprüfen Sie, ob Ihre tagtäglichen Strategien wirklich dabei helfen, die konkreten und aktuellen Ziele in
Ihrem Job zu erreichen – seien es Zielvereinbarungen
mit Ihrem Arbeitgeber, persönliche Zielsetzungen oder
kundenseits definierte Anforderungen. Häufig werden
Ziele oder Anforderungen geändert, ohne dass Denk-
und Arbeitsweisen angepasst werden. Doch neue Ziele
erreichen Sie nicht mit alten Strategien. Das führt in
eine Sackgasse. Denn statt neue Wege einzuschlagen,
steuert Ihr Autopilot unbeirrt alte Ziele an.
Vielleicht stellen Sie beim Reflektieren Ihrer Ziele auch
fest, dass diese nicht mehr Ihren Werten oder Fähigkeiten entsprechen. Das würde Ihrer intrinsischen Motivation und somit Ihrer kreativen Leistungsfähigkeit im
Wege stehen – und könnte Grund sein für eine berufli-
che Veränderung. Wichtig für den weiteren kreativen
Prozess ist, dass Sie Klarheit über Ihre Ziele gewinnen.

Effizienzstreben kann Innovation blockieren

Dem Autopiloten in Ihrem Kopf entsprechen auf Ebene der Organisation automatisierte Prozesse. Lange ging es Unternehmen darum, Prozesse immer effizienter und kostengünstiger zu machen, um im Wettbewerb zu bestehen. Auch Mitarbeiter haben diesen Druck zu spüren bekommen, und für Kreativität und eigene Ideen gab es wenig Freiräume. Inzwischen allerdings entstehen Wettbewerbsvorteile immer häufiger durch Innovationen. Automatisierte Prozesse und starre Strukturen sind hierfür genauso hinderlich wie der mentale Autopilot der Mitarbeiter und des Managements.

Hinterfragen Sie die Grundannahmen

Zum Ausschalten des Autopiloten ist es hilfreich, Annahmen systematisch zu hinterfragen. Denn unser berufliches Handeln basiert auf zahlreichen Annahmen aus der Vergangenheit, deren Gültigkeit nicht mehr gegeben sein muss. Solche Annahmen können betreffen:

- die Wünsche und Bedürfnisse von Kunden
- die Präferenzen von Entscheidern
- die Notwendigkeit bestimmter Produktfeatures
- die Erreichbarkeit von Zielgruppen
- eigene Fähigkeiten und Kompetenzen
- die Sicherheit des eigenen Jobs

Eine wirksame Methode zum Hinterfragen von Annahmen und Überzeugungen stammt von dem britischen Denk-Lehrer und Management-Berater Edward de

Bono. Er empfiehlt, das genaue Gegenteil einer Grundannahme zu formulieren. Zum Beispiel:

- „Ein Hotel braucht keine Betten!"
- „Autos haben eckige Räder!"
- „Wenn ich weniger arbeite, verdiene ich mehr!"

Er nennt diese Vorgehensweise „Provocative Operation". Ausgehend von einer solchen Provokation überlegen Sie oder Ihr Team, unter welchen Umständen diese Sätze zutreffen könnten. Bleiben wir beim Beispiel: „Ein Hotel braucht keine Betten!" Diese Aussage trifft zu, wenn die Gäste in dem Hotel nicht übernachten, sondern nur ausruhen. Oder wenn hier nicht Menschen einkehren, sondern Tiere. Oder wenn das Konzept des Hotels alternative Schlaftechniken ohne Betten sind. Durch solche Gedankenspiele verlässt Ihr Denken gewohnte Bahnen – und Sie generieren neue Ansätze für Ihr Business.

Die drei Schritte des provokativen Denkens
1. Notieren Sie Grundannahmen Ihres Geschäftsmodells
2. Formulieren Sie das Gegenteil dieser Annahmen
3. Überlegen Sie, unter welchen Umständen dieses Gegenteil zutrifft.

Edward de Bono hat zahlreiche weitere Denktechniken entwickelt und unter dem Begriff „laterales Denken" als Gegenkonzept zum linearen, logischen Denken eingeführt. Sein Buch „Serious Creativity" gilt als Klassiker und Ursprung vieler heute bekannter Kreativtechniken.

Das Grundprinzip „Autopilot ausschalten" zielt darauf ab, Denk- und Verhaltensmuster zu durchbrechen, um wieder offen zu sein für neue Ziele und Herausforderungen. Die Analyse von Arbeitsabläufen und das Hinterfragen von Grundannahmen helfen dabei.

2.2 Inspiration suchen

Nachdem Sie Ihren Autopiloten ausgeschaltet und Klarheit über Ihre – vielleicht neu gesetzten – Ziele gewonnen haben, geht es darum, mit welchen Ideen und Lösungen Sie diese Ziele erreichen. Sie befinden sich in der Phase der Präparation: Sie arbeiten sich in die Materie ein und recherchieren. Zugleich ist dies eine Phase der Neugier und der Suche nach Inspiration.

Neugier treibt den kreativen Prozess voran
Neugier drückt sich aus in guten Fragen. Formulieren Sie Fragen, die Ihre Aufgaben und Herausforderungen auf den Punkt bringen. Stellen Sie diese Fragen häufig und in alle Richtungen – Ihren Kollegen, Ihrem Netzwerk, Ihren Freunden, Fremden und sich selbst. Gut geeignet sind Fragen, die mit den drei Worten „Wie

kann ich ..." (oder „Wie können wir ...") beginnen. Zum Beispiel:

- „Wie kann ich Abonnenten für unseren Newsletter generieren?"
- „Wie kann ich einen Verlag für mein Buchprojekt begeistern? "
- „Wie kann ich Patienten zur regelmäßigen Medikamenteneinnahme motivieren?"
- „Wie kann ich im Dachgeschoss eine bessere Wärmedämmung erreichen?"
- „Wie kann ich die Bedürfnisse unserer Kunden noch besser verstehen?"

Insbesondere in Brainstormings und Workshops zeichnen sich gute Fragen dadurch aus, dass sie weder zu allgemein noch zu einschränkend formuliert sind. Angenommen, Ihre Herausforderung ist es, Personal zu finden, dann bedeutet dies für die Fragestellung:

- zu allgemeine Frage: „Wie können wir unseren Personalengpass lösen?"
- zu einschränkende Frage: „Wie können wir unsere Stellenanzeigen attraktiver machen?"
- gute, anregende Frage: „Wie können wir die Aufmerksamkeit potenzieller Mitarbeiter gewinnen?"

Indem Sie gute Fragen formulieren und sich mit „Fragezeichen im Kopf" durch den Alltag bewegen, sorgen Sie dafür, dass Sie auf mögliche Antworten aufmerksam werden – in welcher Form auch immer Ihnen diese begegnen. Keine vollständigen Antworten, keine perfekten Lösungen, aber erste und ermutigende Erkenntnisse: Inspirationen.

Inspiration ist kein Zufall, sondern Methode

Gute Fragen sorgen für zielführende Inspirationen. Inspirationen sind Erkenntnisse oder Erlebnisse, die Sie motivieren und die Sie in eine höhere Leistungsbereitschaft versetzen. Inspirationen haben diesen Effekt, weil sie einen neuen und überraschenden Weg zum Ziel erahnen lassen. Inspirationen können Sie erleben:

- in Gesprächen mit Kollegen
- beim Durchblättern von Zeitschriften
- auf Kongressen und in Vorträgen
- in Workshops und Brainstormings
- beim Sichten alter Notizbücher
- beim Surfen im Internet
- in Ausstellungen und auf Messen
- beim Spielen mit Kindern
- beim Spazierengehen im Wald
- durch scheinbare Zufälle

Inspirationen gelten als zufällig. Das sind sie allerdings nur scheinbar. Denn welche Erlebnisse Sie haben und zu welchen Erkenntnissen Sie dabei kommen, hängt sehr davon ab, wie Sie Ihren Alltag gestalten und ob Sie eine Vielzahl unterschiedlicher Inspirationsquellen nutzen. Ob Sie fünf oder nur zwei Branchenmedien nutzen oder ob Sie sich mit einem Dutzend statt mit einer Handvoll Experten regelmäßig austauschen, macht durchaus einen Unterschied.

Suchen Sie Inspiration, indem Sie die Anzahl Ihrer Inspirationsquellen erhöhen und Ihren Arbeitsalltag vielseitiger gestalten. Machen Sie sich Inspiration zur Gewohnheit. Innovatoren interessieren sich für vielfältige Themen, auch fernab ihres eigentlichen Tätigkeitsfelds. Und wer sich vielseitig inspirieren lässt, der sieht mehr Lösungsmöglichkeiten und kommt auf ungewöhnlichere Ideen.

Inspirationen sind scheinbar zufällige Erkenntnisse, die uns motivieren, weil sie uns neue Wege zum Ziel aufzeigen. Inspirationen lassen sich durch Neugier, gute Fragen und vielfältige Inspirationsquellen herbeiführen. Die Suche nach Inspirationen ist eine Gewohnheit von Innovatoren.

2.3 In Bildern denken

Die menschliche Fähigkeit, in Bildern zu denken, also Vorstellungskraft und Fantasie zu nutzen, ist aus zwei Gründen elementar für kreative Prozesse:

1. Bilder im Kopf können als sogenannte Zielbilder gewünschte Zustände vorstellbar und ihr Eintreten wahrscheinlicher machen – dies betrifft das Erreichen von Zielen und das Realisieren von Visionen.
2. Bilder im Kopf ermöglichen das Vorstellen und fan-

tasievolle Gestalten von Dingen, die es in der Realität noch nicht gibt – dies betrifft die Ideengenerierung und das Erfinden.

Ziele zu erreichen ist ein zentrales Element jeder beruflichen Tätigkeit. Welche Ziele Sie sich im Job setzen, welche Zielvereinbarungen Sie treffen oder welche Ziele Ihre Organisation strategisch definiert, das ist die eine Frage. Eine andere Frage ist, in welcher Form diese Ziele codiert und kommuniziert werden.

Bilder im Kopf wollen Wirklichkeit werden

Eine bildliche, konkrete und emotionale Vorstellung davon, wie die Zukunft aussehen soll, macht das Eintreten dieser gewünschten Zukunft wahrscheinlicher. Auch wenn dies zunächst ein wenig „esoterisch" klingt, handelt es sich um ein psychologisches Grundprinzip, das durch die sogenannte Imagery-Forschung, die Erforschung mentaler Bilder und ihrer Wirkung, bestätigt wurde.

Bilder im Kopf haben eine starke psychologische Wirkung. Man könnte fast sagen: Sie wollen Wirklichkeit werden. Ein Beispiel aus dem Alltag: Wenn Sie eine randvolle Tasse Kaffee in der Hand halten und Sie stellen sich bildlich vor, der Kaffee schwappt über, dann schwappt er über. Wir sind in der Lage, mentale Bilder zu produzieren, die eine reale Wirkung haben. Auf diese Weise antizipieren wir die Zukunft. Aus gutem Grund arbeiten auch Leistungssportler mit mentalen

Bildern vom Erreichen ihrer Ziele. Je konkreter, intensiver und lebendiger die Vorstellung der Zielerreichung ist, umso stärker motiviert uns diese Vorstellung.

Zielbilder beeinflussen Alltag und Zukunft
In Ihrem Job können Zielbilder alltägliche Herausforderungen betreffen. Sie können sich bildlich vorstellen:
- wie Sie im Team auf den Erfolg des Projekts anstoßen
- wie leicht Ihnen der Umgang mit der angeblich so komplizierten neuen Software fällt
- wie Ihre Dienstleistung den Menschen ein Lächeln ins Gesicht zaubert

Zielbilder können aber auch die großen Visionen einer Organisation oder Gemeinschaft sein. Kollektiv können sich alle Beteiligten „bildlich" vorstellen:
- wie Elektroautos autonom durch unsere Großstädte fahren
- wie eine Krankheit besiegt wird und Patienten wieder Lebensqualität erlangen
- wie eine Wohnsiedlung auf dem Mars entsteht

Mit einem Zielbild programmieren Sie sich darauf, Chancen zu sehen, Menschen zu treffen und Gelegenheiten zu ergreifen, die Sie Ihrem Ziel ein Stück näher bringen. Denn ein Zielbild, das Sie sich regelmäßig bewusst machen, steuert Ihre Wahrnehmung und hat auf diesem Wege Einfluss auf Ihre Motivation und Ihr Verhalten.

In Bildern und Geschichten kommunizieren

Im Job sind wir gewohnt, dass Ziele in Zahlen, auf Zeitachsen und in messbaren Kriterien formuliert werden. Die Präsentation von Zielen erfolgt meist in kleinteiligen PowerPoints. Wenn Sie allerdings Kollegen oder Mitarbeiter für Ziele begeistern und motivieren wollen, dann kommunizieren Sie Ziele immer auch in lebendigen Bildern und Geschichten. Denn nur darüber können Sie Werte, Emotionen und Sinn vermitteln.

In Präsentationen ist die Aufmerksamkeit für Geschichten, für das sogenannte Storytelling, immer höher als für nüchterne Fakten. Wenn Sie in einem Meeting einen Beitrag beginnen mit „Folgende Geschichte …", dann ist Ihnen die Aufmerksamkeit sicher.

Auch beim ersten Kommunizieren einer Idee ist es hilfreich, eine lebendige Vorstellung im Kopf des Gegenübers zu erzeugen. Dabei hilft die Formulierung: „Stellen wir uns doch mal vor …"

Mit Bildern im Kopf zu neuen Ideen

Viele Wissenschaftler, Entdecker und Künstler berichten davon, dass sie durch bildliche Vorstellungen und Assoziationen, durch Visualisierungen und Tagträume, zu ihren Erkenntnissen oder Lösungen gefunden haben. Häufig zitiert wird die Entdeckung der Molekülstruktur des Benzols durch August Kekulé, der eine Schlange visualisierte, die sich in den eigenen Schwanz biss.

Das Denken in Bildern, auch als „Denken ohne Worte" bezeichnet, ist einem verbalen Denkstil überlegen, wenn es darum geht, etwas Neues zu erschaffen. Dabei kommt es auf die Lebendigkeit der Bilder an. Und auf die Fähigkeit, die mentalen Bilder zu verändern und zu kombinieren. Das Denken in Bildern lässt sich auch als Simulation der Zukunft verstehen – als mentales Prototyping. Treffend formulierte es der US-amerikanische Informatikguru und Jazz Musiker Alan Kay: „Der beste Weg, die Zukunft vorherzusagen, ist, sie selbst zu erfinden."

Denken in Bildern hilft beim Generieren von Ideen. Bilder im Kopf machen es möglich, die Zukunft zu simulieren und zu planen. Zielbilder helfen, gewünschte Zustände in der Zukunft vorstellbar zu machen und wirksam zu kommunizieren.

2.4 Vielfältig kombinieren

Neues entsteht nicht aus dem Nichts. Neues entsteht aus der Kombination bereits vorhandener Dinge und Konzepte. Das Denken in Bildern hilft uns dabei, solche neuen Kombinationen mental durchzuspielen.

Salvador Dalí kommentiert die Fähigkeit, neue Verknüpfungen herzustellen, in seinem berühmten Zitat: „Wer sich ein galoppierendes Pferd nicht auf einer Tomate vorstellen kann, ist ein Idiot."

Bekannt ist das mentale Neu-Kombinieren auch unter dem Begriff Bisoziation, der von dem österreichisch-ungarischen Schriftsteller Arthur Koestler 1964 in dem Werk „The Act of Creation" (Der göttliche Funke) eingeführt wurde. Bisoziation ist als Gegenbegriff zur Assoziation zu verstehen. Während eine Assoziation das Aktivieren oder auch Erlernen einer Verbindung innerhalb eines bestehenden Bezugsrahmens beschreibt, ist die Bisoziation ein Aufeinanderprallen zweier bislang nicht verbundener Bezugsrahmen. Eine Bisoziation trägt das Merkmal der überraschenden Einsicht, sie verweist auf die Zukunft.

In ihrem bilderreichen Buch „Analograffiti" beschreibt die Pionierin des Kreativitätstrainings in Deutschland, Vera F.

Birkenbihl, die Bisoziation als Zusammenführen zweier Denkwolken. Nur so könne das wirklich Neue entstehen. Bisoziation ist vermutlich der Begriff, der dem innersten Wesen der Ideenfindung am ehesten entspricht.

Humor und Ideenfindung

Bisoziation dient auch in der Humorforschung als Erklärung. Denn auch in Witzen entsteht der Humor durch das Aufeinanderprallen zweier Bezugsrahmen. Uns fehlt zunächst die Brücke, die Verbindung, die Logik. Hierdurch wird eine kognitive Dissonanz erzeugt, eine mentale Spannung. Erst im Moment der Erkenntnis, welchen Sinn – oder Unsinn – die beiden Bezugsrahmen in Kombination miteinander ergeben, entlädt sich diese mentale Spannung, begleitet von einem Schmunzeln oder Lachen.

Ein Paar ist seit 15 Jahren verlobt, als sie eines Tages sagt: „Schatz, sollten wir nicht endlich heiraten?" Darauf antwortet er: „Du hast recht. Aber wer nimmt uns denn jetzt noch?" Hier haben offensichtlich zwei Menschen in sehr unterschiedlichen Bezugsrahmen gedacht, deren Zusammenprallen die Komik erzeugt. Ein noch kürzeres Beispiel ist der Ein-Wort-Witz: „Brennholzverleih".

Viele Kreativtechniken animieren diese Art von absurden Kombinationen und haben deshalb ein hohes Spaß- und Humorpotenzial. Und jeder Kreativitätstrainer weiß: Die Gruppe, die hörbar am meisten Spaß hat, bringt die schönsten Ideen hervor.

Ideen für Produkte und Dienstleistungen

Bisoziation in der Ideenfindung bedeutet: Sie können sich ein vorhandenes Produkt vorstellen – nehmen wir als Beispiel eine Stehlampe – und dieses Produkt mit Merkmalen ganz anderer Produkte kombinieren:

- Stehlampe + Fernseher = Der Schirm der Stehlampe wird zum Bildschirm.
- Stehlampe + Wasserflasche = In eine leere Plastikflasche wird ein Leuchtmittel eingebaut.
- Stehlampe + Motorrad = Eine Outdoor-Stehlampe setzt ein Motorrad beim Parken in Szene.

Viele Produkte aus unserem Alltag entpuppen sich bei genauerer Betrachtung ebenfalls als Kombinationen:

- der Trolley – als Kombi aus Koffer und Rollen
- das Grillboot – als Kombi aus Bootfahren und Barbecue
- der Pizzaservice – als Kombi aus italienischem Restaurant und Lieferservice

Kombinieren als kreatives Grundprinzip ist nicht auf Produkte oder Objekte begrenzt. Neu kombinieren lassen sich auch: Begriffe, Konzepte, Dienstleistungen, Kompetenzen, Teams, Technologien, Geschäftsmodelle, Unternehmen und viele weitere Dinge. Kreativ Kombinieren kann also auch bedeuten:

- das archaische Gespräch am Lagerfeuer auf einer Businesstagung inszenieren
- das Fachwissen mehrerer Abteilungen in einem Innovationsteam zusammenführen

- für eine Werbeanzeige eine Headline mit einem Bildmotiv verknüpfen
- als Fitnessstudio auch Kochkurse anbieten
- als Redakteur die Teilnehmer einer Talkrunde zusammenstellen

Auch Perspektivenwechsel sowie die Veränderung von Kontexten lassen sich als kreatives Kombinieren, als das Zusammenführen zweier Bezugsrahmen, auffassen:

- ein Werkzeug für eine Funktion nutzen, für die es ursprünglich nicht gedacht war
- eine Fähigkeit in einem neuen Kontext zur Anwendung bringen
- von der Natur lernen und deren Lösungen adaptieren (Bionik)
- in Rollen schlüpfen und Herausforderungen spielerisch angehen (Gamification)
- den Ort wechseln, um neue Perspektiven einzunehmen

Und schließlich findet das Kombinieren auch auf strategischer Ebene oder in unternehmensübergreifender Zusammenarbeit seine Anwendung. Hier kann es bedeuten:

- Cross-Pollination: Strategien und Know-how aus ganz anderen Bereichen oder Branchen anwenden
- Co-Creation: Mehrwerte schaffen durch unternehmensübergreifende Innovationsprozesse, zum Beispiel durch Anwendung von Design Thinking

- Diversity: Vielfalt und Unterschiedlichkeit strategisch für den Unternehmenserfolg nutzen
- Joint Ventures: Ressourcen zu einem großen Ganzen bündeln

Methodenbeispiele

Viele Kreativtechniken und Innovationsmethoden zielen darauf ab, Kombinationen systematisch herzustellen. Die „Morphologische Matrix" zum Beispiel listet Merkmale in Zeilen und Spalten auf, sodass sich in jedem Feld der Matrix andere Kombinationen ergeben.

Andere Kreativtechniken zielen eher darauf ab, dass die kombinierbaren Elemente oder Gedanken überhaupt aufgespürt oder zugänglich gemacht werden. Das klassische Brainstorming zum Beispiel sorgt durch Regeln dafür, dass die Teilnehmer bereit sind, ihre jeweiligen Assoziationen und Gedanken offen zu äußern. Und dies ist die Voraussetzung dafür, dass einfallsreiches Kombinieren und Verknüpfen in einer Gruppe überhaupt stattfinden kann.

Eine Methode, die Sie jederzeit und für vielfältige Herausforderungen gut allein anwenden können, ist die Zufallswortmethode. Hierbei wird Ihre aktuelle Herausforderung mit einem zufällig ermittelten Begriff in Beziehung gesetzt: zum Beispiel „Newsletter" mit „Gewürzgurke". Diese zufällige Kombination könnte Sie darauf bringen, im Newsletter Inhalte so zu organisieren, wie die Gewürzgurken im Glas organisiert sind: nämlich in leckeren, knackigen Happen, nicht mehr als sechs bis sieben davon und jeweils konsumierbar in 15 bis 30 Sekunden. Ergänzend können Sie beide Begriffe im Netz in eine Bildersuche eingeben. Dann erhalten Sie eine Vielzahl weiterer visueller Anregungen.

Zu den kreativen Grundprinzipien gehört:

- *Muster und Gewohnheiten zu durchbrechen und Annahmen zu hinterfragen*
- *Offenheit für neue Herausforderungen sowie Veränderungsbereitschaft zu entwickeln*
- *die richtigen Fragen zu stellen und viele Inspirationsquellen zu nutzen*
- *in Bildern zu denken, Vorstellungskraft und Fantasie zu nutzen und vielfältig zu kombinieren*
- *offen und vertrauensvoll zu kommunizieren und Netzwerke zu pflegen*

30 MINUTEN

3. Kreative Kommunikation

Kreative Kommunikation ist die Kunst, einen Dialog so zu führen, dass sich alle Beteiligten stets zum Äußern ihrer Ideen und Gedanken eingeladen fühlen.

Eine vertrauensvolle und offene Kommunikation ist die Voraussetzung dafür, dass kreative Ergebnisse zustande kommen. Der Grund dafür ist einfach: Neues entsteht – wie oben beschrieben – durch vielfältiges Kombinieren. Kombiniert werden kann aber nur, was auch offen kommuniziert und gegenseitig verfügbar gemacht wird.

Kreative Kommunikation ist ein wichtiges Merkmal einer Innovationskultur: im Gespräch mit Kollegen, im Team und in Gruppen, auf Tagungen und Konferenzen sowie beim Netzwerken online und offline.

3.1 Was der Offenheit im Wege steht

In vielen Unternehmen herrscht kein Mangel an Wissen, Kompetenzen oder Erfahrungen, nicht einmal an Ideen. Es herrscht ein Mangel an Bereitschaft, diese Ressourcen zu teilen. Solange aber jeder alles für sich behält – jeder Einzelne, jedes Team, jede Abteilung, jedes Unternehmen –, bleibt alles beim Alten.

Für diesen Mangel an Offenheit gibt es viele verschiedene Gründe:

- **Unternehmenskultur:** Das Teilen und Mitteilen von Ideen und Erfahrungen wird im Unternehmen nicht wertgeschätzt, entsprechend stehen auch keine Kanäle und Methoden für den Austausch zur Verfügung.
- **Wettbewerbsdenken:** Es wird angenommen, dass das Teilen von Ideen, Erfahrungen und Ressourcen dem Gegenüber einen Vorteil verschafft, der im internen oder externen Wettbewerb zum eigenen Nachteil ist.
- **Hierarchiedenken:** Das Teilen könnte den eigenen Status quo gefährden. Denn Wissen sichert Macht. Zudem könnte offenkundig werden, dass weniger Wissen und weniger Kompetenzen vorhanden sind, als andere Akteure vermuten.
- **Egoistische Kurzsicht:** Nur der eigene und kurzfristige Nutzen, nicht gemeinsame und langfristige Ziele, steht im Fokus des Handelns.

- **Verletzbarkeit:** Durch schlechte Erfahrungen äußern sich Menschen in kreativen Prozessen lieber gar nicht, als das Risiko einer negativen Reaktion einzugehen.

Wer Ideen äußert, macht sich verletzbar

Die persönliche Verletzbarkeit beim Äußern von Ideen hat eine lange Geschichte: Wir haben früh gelernt, uns an Regeln zu halten, statt sie zu brechen. In der Schule wurden „richtige" Antworten belohnt statt „falsche" Fragen. Und im Job ging es weiter mit Vorschriften und Vorgaben, Vorgesetzten und Vorgesetztem. Angepasstes Verhalten schien, in einer durchschnittlichen Biografie, über lange Zeit die beste Strategie zu sein. Kein Wunder also, dass die kindliche Kreativität, Spielfreude und Neugier gelitten haben – und das Vertrauen in den eigenen Einfallsreichtum gleich mit.

In ihrem Buch „Creative Confidence" beschreiben die US-amerikanischen Innovationsexperten Tom und David Kelley praktische Strategien, sich dieses Vertrauen wieder zu erarbeiten. Zum Beispiel:

- kleine, aber konkrete Ziele: das Festhalten einer Idee pro Tag in einem Ideentagebuch
- schnelles Ausprobieren von Alternativen und Verbesserungen
- Runterbrechen großer Aufgaben in kleine Häppchen und in diese dann 30 Minuten Kreativzeit pro Tag investieren

- gezielt die Nähe von solchen Kollegen suchen, die ermutigen und inspirieren
- auf den heutigen Arbeitstag schauen wie auf einen Prototypen: Was gibt es zu verbessern?

Falls Sie jedoch in einem Unternehmen arbeiten, dessen verkrustete Strukturen und saturierte Führungskräfte Ihren kreativen Bemühungen im Wege stehen, dann wägen Sie lieber ab, ob nicht ein anderer Arbeitgeber oder die Selbstständigkeit für Sie als Alternative infrage kommt!

Fehlerkultur und gegenseitiges Vertrauen

Dass es sinnvoll ist, aus Fehlern zu lernen, ist eine Binsenweisheit. Die viel beschworene Fehlerkultur setzt jedoch gegenseitiges Vertrauen und die Bereitschaft voraus, Fehler offen anzusprechen – statt sie zu vertuschen oder sich gegenseitig zu decken. Wo dieses Vertrauen fehlt, sind Entwicklung und Innovation kaum denkbar.

Einem offenen Austausch von Ideen und Erfahrungen stehen bestimmte Ängste, falsche Annahmen und festgefahrene Verhaltensmuster im Wege. Um diese Barrieren zu überwinden, ist das Verständnis für den beidseitigen Nutzen einer offenen und vertrauensvollen Kommunikation notwendig.

3.2 Ideenreich unter Kollegen

Kreative Kommunikation sollte nicht nur in Brainstormings stattfinden, sondern den gesamten Arbeitsalltag durchdringen. Das erfordert hohe Aufmerksamkeit dafür, wie Sie mit Sprache umgehen. Jeder Ihrer Sätze kann einen Gedanken Ihres Gegenübers blockieren oder beflügeln. Sie können Ideen gemeinsam zum Fliegen bringen – oder sich Ihre Ideen gegenseitig abschießen.

Killerphrasen verhindern den Ideenfluss

Versuchen Sie, Killerphrasen zu vermeiden, mit denen neue Vorschläge blockiert und Alternativen von vornherein ausgeschlossen werden. Typische Killerphrasen lauten:

- „Das haben wir schon immer so gemacht."
- „Das ist bei uns historisch so gewachsen."
- „Wir müssen realistisch bleiben."
- „Gute Idee, aber das funktioniert nicht."
- „Dafür haben wir kein Budget."
- „Lasst uns nicht die Zeit mit Unsinn verschwenden."
- „Das kriegen wir intern nicht durch."
- „Leute, das ist nicht on Strategy."

Die kürzeste Killerphrase besteht aus nur fünf Buchstaben. Sie lautet: „... ist so!" Mit diesen beiden Worten wird ohne Erläuterungen zum Ausdruck gebracht, dass Alternativen nicht erwünscht sind. Auch die sehr häufig genutzte Formel „Ja, aber ..." bringt in Gesprächen sofort ein Gegenargument ins Spiel, statt einen Gedanken aufzugreifen und weiterzudenken. Benutzen Sie stattdessen die Formel „Ja, und ..." – und knüpfen Sie an den Gedanken Ihres Gegenübers an.

Killerphrasen sind manchmal nicht leicht als solche zu erkennen. Es gibt im Business sehr höfliche Varianten, neue Ideen verbal zurückzuweisen. Zum Beispiel: „Das ist wirklich ein interessanter Gedanke, vielleicht können wir später darauf zurückkommen." Auf dieses Später werden Sie vermutlich lange warten.

Versuchen Sie vor allem, sich nicht von Killerphrasen beeindrucken oder demotivieren zu lassen. Schon gar nicht sollten Sie sich für Ihre Ideen entschuldigen. Vermeiden Sie unbedingt den traurigen Satz: „War nur so eine Idee."

Machen Sie sich außerdem klar, dass Sie nicht nur Opfer von Killerphrasen sein können, sondern vermutlich selbst regelmäßig – ohne dass es Ihnen bewusst ist – Killerphrasen senden. Wichtig ist, dass im Team und unter Kollegen die Haltung stimmt. Und diese sollte lauten: „Wir ermutigen uns gegenseitig, Ideen und Vorschläge auszusprechen, statt diese unbedacht zu bewerten oder zu blockieren!"

Offene Fragen fördern Ideen

Das Gegenteil der Killerphrase ist die offene Frage – die Frage nach Alternativen. Besonders gut im Job geeignet ist die Wendung „Wie noch ...?":

- „Wie noch können wir den Folder falten?"
- „Wie noch können wir Kosten sparen?"
- „Wie noch können wir das Team zusammensetzen?"
- „Wie noch können wir Kundenwünsche erkennen?"
- „Wie noch könnte das Produkt heißen?"

Mit der „Wie noch ...?"-Frage motivieren Sie nicht nur andere, sondern auch sich selbst, nach neuen Wegen zu suchen:

- „Wie noch kann mein Arbeitstag ablaufen?"
- „Wie noch kann ich mich im Job vernetzen?"

- „Wie noch kann ich meine Ergebnisse präsentieren?"
- „Wie noch kann ich mich weiterbilden?"

Sofern Sie in einem Gespräch selbst schon eine Idee oder eine Alternative im Kopf haben, platzieren Sie diese am besten mit der Formel: „Was wäre, wenn ...?" Diese Fragetechnik sorgt dafür, dass Ihr Gegenüber Ihren Gedanken aktiv aufgreift – und Sie deutlich seltener Killerphrasen zu hören bekommen. Die „Was wäre wenn ...?"-Frage ist zudem geeignet, in einem festgefahrenen Dialog bewusst zu provozieren oder in einem Brainstorming Impulse zu setzen:

- „Was wäre, wenn Handtaschen fliegen könnten?"
- „Was wäre, wenn wir das Abseits abschafften?"
- „Was wäre, wenn Wahlrecht vom IQ abhinge?"
- „Was wäre, wenn ich ab morgen selbstständig wäre?"
- „Was wäre, wenn Grillen nur im Winter erlaubt wäre?"
- „Was wäre, wenn Elvis lebte?"

Machen Sie die häufige Verwendung solcher Fragen zu einer tagtäglichen Gewohnheit.

Im Gespräch unter Kollegen verhindern Killerphrasen das Entstehen neuer Ideen und zementieren den Status quo. Gute offene Fragen hingegen sorgen für neue Ideen und machen Alternativen sichtbar.

3.3 Ideenreich im Team

Damit Teams zu kreativen Ergebnissen kommen können, müssen zunächst die drei Voraussetzungen für kreative Leistungsfähigkeit (gemäß Amabile, siehe Kap. 1.2) gegeben sein:

- Fach-Skills – bezüglich der Projektaufgabe
- Kreativ-Skills – bezüglich geeigneter Methoden
- Motivation – bezüglich der Herausforderung

Teamzusammensetzung und Ressourcen

Eine gute Größe für Kreativteams sind fünf bis sieben Kollegen. Die Zusammensetzung sollte dem Prinzip der Diversität folgen und möglichst unterschiedliche Funktionen, Kompetenzen und Rollen zusammenführen. Hier liegt eine besondere Verantwortung bei den Führungskräften, die solche gemischten Teams initiieren. Ein Kreativteam sollte über folgende Ressourcen verfügen:

- definierte gemeinsame Arbeitszeiten für Projektmeetings
- individuelle Arbeitszeiten für Recherchen und Inspiration
- variable Räume, in denen abwechselnd in unterschiedlichen Modi gearbeitet werden kann – sitzend, stehend und in Bewegung
- vielseitiges Material zum Einsatz von Kreativtechniken (neben Flipcharts, Pinnwänden und Moderationskoffer also auch große Pappen und Papierrollen, Bastelmaterial für Prototypen, Medienzugänge etc.)

- Kanäle für den Austausch außerhalb der Meetings und gemeinsame (digitale) Orte für Projektdaten, Recherchen und Ergebnisse
- Zugang zu allen verfügbaren Wissensquellen
- angemessenes Budget gemäß Umfang der Aufgabe
- Autonomie in der Ausgestaltung des Projektablaufs

Methodenbeispiele

Die Methoden, die in einem Team kreative Kommunikation fördern, sind vielfältig. Im Internet oder in Fachbüchern finden Sie eine große Auswahl. Eine hervorragende Übersicht gibt das Buch „Kreativ managen" von Georg Winkelhofer.

Der Klassiker unter den Methoden ist das Brainstorming, das von dem US-amerikanischen Philosophen und Werbefachmann Alex F. Osborn bereits 1939 entwickelt wurde. Osborn hat später weitere Heuristiken und Kreativtechniken entwickelt wie den Prozess des „Creative Problem Solving" oder die „Osborn-Checkliste".

Ein Brainstorming dauert in der Regel 5 bis 30 Minuten. Die Teilnehmerzahl sollte ein Dutzend nicht überschreiten. Die Grundregeln haben Gültigkeit auch für viele andere Methoden und sie dienen auch als genereller Kompass für den kreativen Dialog in kleinen Gruppen:

Brainstorming-Regeln
- Zeitrahmen und Thema festlegen
- keine Störungen und Unterbrechungen
- freie und spontane Beiträge von allen
- Anknüpfen an die Ideen der anderen
- keine Kritik oder Bewertung
- möglichst viele Ideen generieren
- möglichst ungewöhnliche Ideen generieren
- Dokumentation aller Ideen
- Sortieren, Verdichten, Bewerten

Während das Brainstorming ursprünglich für das Finden von Werbeideen konzipiert wurde, geht es in heutigen Projektteams häufig um die Entwicklung von Innovationen. Eine zeitgemäße Methode dafür ist das Design Thinking, das von dem US-Amerikaner David M. Kelley entwickelt und zunächst in dessen Innovationsschmiede IDEO und an der Stanford University praktiziert und gelehrt wurde. In den letzten Jahren ist Design Thinking als Methode für interdisziplinäre Teams auch in Deutschland immer populärer geworden, was unter anderem auf die Gründung der School of Design Thinking am Hasso-Plattner-Institut (HPI) in Potsdam zurückzuführen ist.
Die Methode zeichnet sich aus durch ihren konsequenten Fokus auf den Nutzen für Kunden oder Anwender, durch systematisches Feedback sowie durch das hierfür hilfreiche Prototyping. Die sechs Schritte des Design Thinking stellen eine zeitgemäße und praxisnahe Interpretation des klassischen kreativen Prozesses dar:

Die sechs Schritte des Design Thinking
1. Verstehen
2. Beobachten
3. Sichtweise definieren
4. Ideen finden
5. Prototypen entwickeln
6. Testen

Design Thinking kann in Projektteams als mehrstündiger Workshop zur Anwendung kommen, es kann aber auch über Monate für unternehmensübergreifende Innovationsvorhaben eingesetzt werden. In jedem Fall empfiehlt es sich, einen professionellen Trainer oder Berater einzubinden – oder eigene Teammitglieder gezielt auf die Methode zu schulen.

Wie gut die kreative Kommunikation in einem Projektteam funktioniert, hängt von dessen Zusammensetzung, von den räumlichen und zeitlichen Ressourcen und von den eingesetzten Methoden ab. Zeitgemäße und komplexe Methoden wie Design Thinking sind die Nachfolger des altbekannten Brainstormings.

3.4 Tagungen und Konferenzen

Kreative Kommunikation und intensive Vernetzung sind wichtige Voraussetzungen für Innovation. Auf

Tagungen und Konferenzen können diese beiden Erfolgsfaktoren lebendig vermittelt werden. Über Abteilungs- und Hierarchiegrenzen hinweg können Mitarbeiter sich vernetzen. Sie können Dialoge führen, sich gegenseitig inspirieren sowie Ideen und Erfahrungen austauschen. Tagungen und Konferenzen haben das besondere Potenzial, ein Innovationsklima erlebbar zu machen und nachhaltig zur Motivation beizutragen.

Leider werden Tagungen und Konferenzen trotzdem häufig nach dem immer gleichen Schema konzipiert. Vermutlich haben Sie diese Erfahrung als (gelangweilter) Teilnehmer auch schon gemacht. Weil fast jeder im Job mit der Organisation von Veranstaltungen in Berührung kommt, sei es als Mitglied im Orgateam, als Redner oder als Dienstleister, gehört auch dieses Thema zur Kreativität im Job.

Grundregeln für kreative Tagungen und Konferenzen
- klar definierte Ziele, Auswahl relevanter Inhalte
- eine Leitidee, die auf alle Programmteile abstrahlt
- eine hierzu passende, inspirierende Location
- mehr Dialog und weniger Frontalformate
- Kreativworkshops in durchmischten Gruppen
- Ergebnispräsentationen durch die Teilnehmer
- professionelle Moderation, lebendige Talkrunden
- Einbinden digitaler Tools, zum Beispiel Event-App
- Verleihung von Innovations- und Ideen-Awards
- ausreichend Zeit für informellen Austausch
- gute Luft, richtige Temperatur, gesundes Catering

Die IDEE-Formel für eine gelungene Agenda

Bei der Planung der Agenda hilft Ihnen die IDEE-Formel (entwickelt vom Autor und dessen Think-Theatre GmbH). Sie enthält die wesentlichen Komponenten einer Veranstaltung, auf der ein kreativer Prozess beabsichtigt ist:

I – wie Information
D – wie Dialog
E – wie Ergebnis
E – wie Erlebnis

Das „I" steht für Information. Alle Teilnehmer müssen auf den gleichen Informationsstand gebracht werden. Das Zauberwort heißt Relevanz: In den Informationsteil der Tagung gehören nur Zahlen, Daten und Fakten, die für die anwesenden Teilnehmer im Rahmen der Zielsetzung der Tagung wirklich relevant sind.

Der Dialog ist das „D" der IDEE-Formel. Dialog bedeutet im einfachsten Fall eine Q&A-Session oder eine offene Talkrunde. Anspruchsvoller sind Großgruppen-Methoden oder auf die Leitidee abgestimmte Kreativworkshops. In allen Fällen ist das Ziel ein möglichst ergebnisoffener Dialog zu den bestehenden Herausforderungen und das gemeinsame Generieren möglicher Ideen und Lösungen.

Das erste „E" steht für Ergebnis. Jeder Dialog, der geführt wird, hat ein Ergebnis. Und dieses Ergebnis gehört auf die Bühne. Im besten Fall präsentieren Sprecher von Workshop-Gruppen die Ergebnisse im Plenum und die präsente Geschäftsführung signalisiert durch ihr Feedback ein offenes Ohr.

Bleibt noch das zweite „E" der Formel: das Erlebnis. An die Phasen Information, Dialog und Ergebnis sollte sich ein starkes und emotionales Erlebnis anschließen. Ein Moment, der den Teilnehmern in Erinnerung bleibt und der gleichermaßen die Inhalte und Ergebnisse der Tagung zusammenfasst. Gemeinsam kreierte große Bilder, das Zusammenwirken als Orchester, das Produzieren einer Tagungszeitung: Es gibt Hunderte Möglichkeiten und viele pfiffige Dienstleister.

Zeit	Agenda	Hinweise
09.00	Einführung	Zielsetzung und Themen werden kommuniziert
10.00	**INFORMATION**	Business-Update, Präsentationen
13.00	*Pause*	*Netzwerken*
14.00	**DIALOG**	Kreativworkshops, Innovation „live"
17.00	**ERGEBNIS**	Teilnehmer präsentieren ihre Ideen
18.00	*Pause*	*Netzwerken*
20.00	**ERLEBNIS**	Abendevent

Abb. 3: Schematischer Tagungsablauf nach der IDEEN-Formel

Kreativworkshops fördern die Vernetzung

Für den wichtigen Dialogteil einer Tagung gibt es zahlreiche Methoden, Formate und Workshops. Von World Café über Design Thinking bis hin zu kreativen Filmdrehs in kleinen Teams ist einiges möglich. Beispielhaft wird hier eine motivierende Kreativmethode vorgestellt, die ohne großen Aufwand in fast jedem Setting durchführbar ist:

Die 6-20-1-Methode von Bernhard Wolff

„6-20-1" steht für „Sechs Teilnehmer suchen zwanzig Minuten lang Ideen zu einer – sehr gezielten – kreativen Fragestellung". Zunächst stellen Sie im Plenum die kreative Fragestellung vor. Wie diese lautet, hängt von den Inhalten Ihrer Tagung ab. Hier ein paar Beispiele:

- „Wenn unsere Erfolgsstory ein Kinofilm wäre, wie würde er heißen?"
- „Mit welchem Produkt werden wir 2025 unsere Kunden begeistern?"
- „Welchen Beruf müssen wir für unsere Branche erst noch erfinden?"

Danach teilen Sie das Plenum auf in kleine Gruppen mit jeweils sechs Teilnehmern. Für jede Gruppe steht ein Stehtisch bereit und auf jedem Tisch liegen Notizpapier, Stifte, eine große Pappe und ein paar Eddings und Marker. Die Teilnehmer stellen sich kurz vor, starten dann ein Brainstorming und halten ihre beste Idee auf der großen Pappe fest. Ein Gruppensprecher bringt diese Pappe mit zurück ins Plenum. Dort präsentiert jeder Gruppensprecher die Idee der Gruppe in einer einminütigen Kurzpräsentation. Ganz am Schluss können Sie durch eine Applausabstimmung die Idee des Tages wählen lassen.

Tagungen und Konferenzen sind Spiegel der Unternehmenskultur. Sie können Innovationsklima erlebbar machen und die Teilnehmer nachhaltig motivieren. Dazu sind jedoch ein offener Dialog und die Vernetzung der Teilnehmer untereinander erforderlich.

3.5 Netzwerken – online und offline

Innovationen entstehen an Schnittstellen. Denn an Schnittstellen können sich Gedanken begegnen und gegenseitig befruchten. Aus diesem Grund gilt: Je mehr Kontakte Sie haben, umso mehr Ideen können Sie produzieren.
Netzwerke sorgen für die Innovationsfähigkeit von Menschen, Teams und Organisationen. Darum sollten Sie Ihre Netzwerke intensiv pflegen. Und das heißt vor allem: Schlagen Sie Brücken! Brücken in andere Teams, in andere Branchen, in andere Lebensbereiche, zu Menschen mit anderen Denkweisen.

Gute Kontakte führen zu guten Ideen

Der US-amerikanische Soziologe Ronald S. Burt hat nachgewiesen, dass Mitarbeiter dann besonders gute und anwendbare Ideen haben, wenn sie im Job informelle Kontakte über sogenannte „strukturelle Löcher" hinweg pflegen. Diese Löcher sind vor allem Abteilungs- und Funktionsgrenzen. Es kommt also nicht in erster Linie auf die Anzahl Ihrer Kontakte an, sondern auf deren Diversität und Qualität. Auch das übliche „soziale Netzwerken" in hoher Frequenz, das nur darauf abzielt, Banalitäten auszutauschen oder sich selbst zu inszenieren, ist für kreative Prozesse wenig hilfreich. Nutzen Sie die Zeit lieber für einen intensiveren Austausch mit qualifizierten Netzwerkpartnern zu den wirklich relevanten Fragen. So werden Sie zum ideenreichen Netzwerker im Job:

- Fragen Sie Kollegen aus allen Bereichen nach Ideen.
- Knüpfen Sie Kontakte im Foyer und am Empfang.
- Verabreden Sie sich mittags immer mit anderen Menschen.
- Nutzen Sie interne Netzwerke und Ideen-Plattformen.
- Geben Sie Projektteams konstruktives Feedback.
- Lernen Sie auf Tagungen viele Kollegen kennen.
- Machen Sie sich einen Namen, schärfen Sie Ihr Profil.

Crowdsourcing – Ideenreichtum der Vielen

In Zeiten des Internets gelten auch für kreative Prozesse neue Spielregeln. Das Zauberwort heißt Crowdsourcing: Die Menge, der Schwarm, das Netzwerk ist kreativ. Und zwar kreativer, als ein Einzelner oder eine kleine Gruppe es je sein könnte.

Erst 2006 wurde der Begriff eingeführt. Seitdem ist der Anteil großer Unternehmen und Marken, die Crowdsourcing nutzen, von nahe null auf über 90 Prozent gestiegen. Crowdsourcing bedeutet das Outsourcing der Ideensuche an eine große Gruppe Freiwilliger, an den Schwarm der Kunden und Anwender. Auf diese Weise wirkt der Endverbraucher schon ganz am Anfang des kreativen Prozesses mit. Man spricht auch von Crowdcreation.

Coca-Cola lässt die Flaschenkiste der Zukunft auf der Open Innovation Plattform Jovoto entwickeln. Für Nescafé können Hobby-Werbeprofis Anzeigen über die Plattform eYeka einreichen. Und bei 99designs kriegen Sie – falls Sie sich demnächst selbstständig machen – Ihr komplettes Firmendesign mit Logo für wenige Hundert Euro.

Auf vielen Crowdsourcing-Portalen finden Sie die Ausschreibung der Ideenwettbewerbe und die Darstellung der Gewinner. Schon deshalb sind diese Portale eine dankbare Inspirationsquelle. Natürlich können Sie auch selbst an Ideenwettbewerben teilnehmen oder eigene Ausschreibungen starten.

Beispiele für Crowdsourcing-Plattformen
de.eyeka.com/contests
www.jovoto.com

www.99designs.de
www.innovationskraftwerk.de
www.onebillionminds.com
www.innocentive.com

Co-Creation – gemeinsam innovativer

Das gezielte Nutzbarmachen von Netzwerken für kreative Prozesse, konkreter für Innovationsprozesse, kann
online und offline erfolgen. Diese Netzwerke können
Mitarbeiter, Kunden und Anwender, aber auch Partner,
Lieferanten, Experten, Wissenschaft, Presse und andere Stakeholder sein.

Sofern der kreative Prozess unternehmensübergrei-
fend und in gleichberechtigter Partnerschaft Anwendung findet, spricht man von Co-Creation. Immer mehr
Unternehmen verfolgen diesen strategischen Ansatz,
der das traditionelle Rollenverhältnis von Produzen-
ten, Konsumenten und Lieferanten aufbricht und darauf abzielt, alle relevanten Akteure frühzeitig in den
Innovationsprozess einzubinden, um gemeinsam neue
Werte zu schaffen. Meist wird Co-Creation in verschie-
denen Kanälen online und offline konzipiert – von zeit-
lich und räumlich begrenzten Co-Creation-Workshops
bis hin zu online organisierten Expertennetzwerken.
Zur Verbreitung des Begriffs und des damit verbunde-
nen strategischen Ansatzes hat das Buch „The Co-Creation Paradigm" von Venkat Ramaswamy und Kerimcan
Ozcan beigetragen.

Kreative Kommunikation ist der offene und vertrauensvolle Austausch von Ideen und Erfahrungen. Sie fördert Innovation und schafft Werte. Dies betrifft alle Ebenen:

- *das Gespräch zwischen Kollegen am Arbeitsplatz*
- *den Dialog im kreativen Projektteam*
- *den Austausch auf Tagungen und Konferenzen*
- *Crowdsourcing-Plattformen und Co-Creation*
- *Netzwerken online und offline*

30 MINUTEN

Wie viel Zeit sollte ich für kreatives
Arbeiten einplanen?

Seite 76

An welchen Orten haben Menschen
die besten Ideen und warum?

Seite 79

Welche Arbeitsweise sorgt dafür,
dass keine Ideen verloren gehen?

Seite 83

4. Kreatives Arbeiten

Auch eine kreative Arbeitsweise basiert auf bestimmten Regeln – nicht auf Chaos. Es ist ein Missverständnis, zu glauben, kreatives Arbeiten sei frei von Disziplin und Deadlines. Ganz im Gegenteil: Weil der Produktionsprozess für eine gute Idee komplexen Einflüssen unterliegt, braucht es geeignete Arbeitsweisen, um Ideen zu generieren, systematisch zu erfassen und nutzbar zu machen. Dies betrifft Arbeitszeiten, Orte und Abläufe.

4.1 Zeit für Kreativität

Die Anwendung aller in diesem Buch vorgestellten Prinzipien und Methoden kostet Zeit: Arbeitszeit. Entweder arbeiten Sie in einem Unternehmen, das Ihnen diese Zeit explizit zur Verfügung stellt – manche Unternehmen, insbesondere Softwareentwickler, haben entsprechende Regelungen. Oder Sie sind gefragt, Ihre Prioritäten so zu setzen, dass Ihnen Zeit für Inspiration, Netzwerken, Brainstormings etc. bleibt. Dies dürfte eine der größten Herausforderungen sein, wenn es darum geht, im Job kreativer zu werden. Insbesondere wenn Sie so viele operative Aufgaben auf dem Tisch haben, dass Sie sich die Frage stellen: „Wann soll ich denn da noch kreativ sein?"

Kreativität in den Workflow integrieren

Nutzen Sie die Strategie der kleinen Schritte. Beginnen Sie mit folgenden täglichen Aktivitäten, die wenig Zeit kosten und unmittelbar an Ihren aktuellen Workflow andocken:

1. Investieren Sie täglich 10 bis 20 Minuten in eine inspirierende Recherche im Kontext einer aktuellen Aufgabe. Zum Beispiel indem Sie sich auf www.TED.com einen Vortrag anhören oder indem Sie Blogs und Content zu Ihrem Thema im Netz suchen.
2. Investieren Sie täglich Zeit in mindestens ein persönliches Gespräch im Kollegenkreis oder im erweiterten Netzwerk, in dem es nicht um operative Auf-

gaben geht, sondern ausschließlich um neue Ansätze und Ideen.

3. Setzen Sie einmal in der Woche ein 15- bis 30-minütiges Brainstorming mit Kollegen – oder auch mit Kunden und Anwendern – auf die Agenda. Ein solches Brainstorming kann Teil eines sowieso angesetzten Meetings sein.

4. Versuchen Sie einmal im Monat, einen halben Tag lang komplett aus Ihrer Arbeitsumgebung auszubrechen und an einem ganz anderen Ort ausschließlich konzeptionell oder kreativ zu arbeiten.

5. Versuchen Sie nicht, kreative Arbeit im Modus des Multitasking zu erledigen. Auf Ideensuche und bei konzeptionellen Arbeiten – dazu gehört auch Texte schreiben und Präsentationen vorbereiten – brauchen Sie vollen Fokus. Smartphone und E-Mail bitte deaktivieren.

Die Suche nach der besten Idee lohnt sich

Viele neue Produkte floppen und viele Pitch-Präsentationen gehen verloren, weil zu wenig Zeit in die Suche nach der besten Idee investiert wird. Zu schnell geben wir uns mit der erstbesten Idee zufrieden. Kreatives Arbeiten bedeutet, den Anteil der Zeit, den Sie im Rahmen eines Projekts in die Ideenfindung investieren, zu erhöhen. Gehen Sie immer davon aus, dass es eine wirklich brillante Idee oder eine wirklich herausragende Lösung gibt – und dass es sich lohnt, danach zu suchen. Außerdem kann es teuer werden, wenn Sie mit einer schwachen Idee zu schnell in die Umsetzung gehen. Eine wirklich gute Idee hingegen überzeugt auch dann, wenn sie nur als Scribble oder Konzept präsentiert wird.

Deadlines können der Kreativität helfen

Ambitionierte Deadlines haben eine beflügelnde Wirkung auf die Ideenfindung, sofern der Zeitdruck nicht zu negativem Stress führt. Hilfreich sind daher interne Deadlines, um einen Puffer zu schaffen. Am wichtigsten für Kreativität im Job ist jedoch, externe und selbst definierte Projekte in Balance zu bringen. Selbst definierte Projekte sind Innovations- und Entwicklungsprojekte, die häufig durch konkrete Kundenaufträge oder durch sonstiges Tagesgeschäft überrollt und auf die lange Bank geschoben werden. Geben Sie auch Ihren kreativen Projekten eine hohe Priorität und nehmen Sie die Deadlines dieser Projekte ernst.

Entspannung im Tagesverlauf

Wann genau wir die besten Ideen im Tagesverlauf haben, hängt nicht vom Zufall ab. Einer der Einflussfaktoren ist, ob wir Langschläfer oder Frühaufsteher sind. Nun sollte man meinen, Frühaufsteher sind morgens fit und haben morgens Ideen, und Langschläfer sind abends fit und haben abends Ideen. Aber das Gegenteil ist der Fall. Das jedenfalls belegte eine Studie mit Studenten des Albion Colleges in den USA: Während Frühaufsteher, die sogenannten „Lerchen", am späten Nachmittag gute Ideen hatten, waren die Langschläfer, die sogenannten „Eulen", morgens besser im Fantasieren. Versuchen Sie also Ihre kreativen Arbeitsphasen richtig im Tagesablauf zu platzieren. Und versuchen Sie im Tagesverlauf auch zwischendurch zu entspannen: Denn wenn unser Gehirn ein wenig runtergefahren ist und in einem Frequenzbereich von 8 bis 12 Hertz, dem sogenannten Alpha-Modus, tickt, dann ist das eine gute Zeit zum Assoziieren, Ausdenken und Querdenken. Der einfachste Weg, mal kurz „auf Alpha" zu schalten, ist, die Augen zu schließen, zu entspannen und sich kurz von den Aufmerksamkeitsfressern dieser Welt zu entkoppeln.

Kreatives Arbeiten erfordert Arbeitszeit, die im Workflow oder in der Projektplanung berücksichtigt werden muss. Es zahlt sich aus, Zeit in die Suche nach der besten Idee zu investieren. Hierbei sollte flexibel mit Arbeitszeiten umgegangen werden. Deadlines beflügeln den kreativen Endspurt.

4.2 Orte und Umgebungen

Umfragen nach dem Ort, an dem Menschen ihre besten Ideen haben, ergeben regelmäßig:
- unter der Dusche oder auf dem Klo
- in der Natur ohne störende Ablenkungen
- auf langen Autofahrten allein am Steuer

Bemerkenswert ist, dass weniger als 10 Prozent der Befragten einen Ort nennen, der zugleich ein Arbeitsplatz ist. Die Erklärung hierfür ist, dass wir in Ruhe und Entspannung häufiger den Moment der Illumination, also des Bewusstwerdens einer Idee, erleben – und diesen Ort dann mit der Ideenfindung assoziieren. Wir sind an solchen Orten keinem direkten Stress und nicht der sogenannten „gefühlten Kontrolle" ausgeliefert. Diese gilt in der Forschung als maßgebliche Kreativitätsblockade im Job.

Gefühlte Kontrolle ist die subjektive Wahrnehmung von Kontrollvorgängen und Reglementierungen. Da diese an vielen Arbeitsplätzen – leider – allgegenwärtig erscheinen, sprudeln die Ideen hier seltener. Die Tendenz in Unternehmen ist jedoch, dass die gefühlte Kontrolle immer weniger erlebt wird. Organisationen arbeiten aktiv an einer Vertrauenskultur und an einem innovationsfreundlichen Arbeitsklima. Dies geht mit Veränderungen in der Architektur und der Konzeption von Arbeitsplätzen Hand in Hand.

Offene Architektur und flexible Räume

Flexible Räume und variable Arbeitsplätze unterstützen kreative Prozesse, denn es kann die jeweils bestmögliche Umgebung gewählt oder gestaltet werden. Innovationsfreundliche Arbeitsplätze bieten die Gelegenheit, sowohl konzentriert und allein als auch vernetzt und in Gruppen zu arbeiten.

Ziel sollte sein, die mentalen und räumlichen Bedingungen für eine optimale kreative Kommunikation zu schaffen und den Austausch von Informationen, Ideen und Erfahrungen zu erleichtern. Dies gelingt zum Beispiel durch Stehcounter für kurze Meetings, durch mobile Büromöbel und durch schnell verfügbare Materialien und Medien für Kreativtechniken. Zugleich sind aber auch Räume für konzentrierte Recherche und Lektüre, Einzelarbeit und ungestörte Telefonate sowie für Phasen der Entspannung zu schaffen. Sowohl Architekten als auch Einrichter und Möbelhersteller bieten entsprechende Lösungen an. Auch moderne Coworking Spaces berücksichtigen diese Anforderungen. Endgültig vorbei ist die Zeit des Großraumbüros, in dem weder ein inspirierendes Brainstorming im Team noch ein konzentriertes individuelles Arbeiten möglich waren.

Anregungen für eine kreativere Arbeitsumgebung
Selbst in einer eher konventionellen Organisation und Struktur lässt sich ein Arbeitsplatz kreativer gestalten und nutzen:
- Signalisieren Sie, dass Sie offen sind für den Austausch von Ideen: durch eine offene Tür, durch eine weitere Sitzgelegenheit, durch ein sichtbares Mindmap zu aktuellen Themen.
- Legen Sie Ablagen für „Inspirationen" an – physisch und digital. Hier landen Ausrisse, Bildideen, Notizen, Downloads und Links.
- Wechseln Sie bewusst und häufig Bilder und Poster an Ihrem Arbeitsplatz, stellen Sie Möbel von Zeit zu Zeit um, entsorgen Sie vertrocknete Büropflanzen etc.

- Sorgen Sie für gutes Licht, frische Luft und ergonomische Möbel. Im besten Fall haben Sie einen höhenverstellbaren Schreibtisch oder einen separaten Stehplatz.

Die richtige Umgebung wählen

Farben und Formen, Geräusche und Musik, Gerüche und Düfte, Landschaften und Stadtkulissen – alle Sinneswahrnehmungen können Kreativität beeinflussen. Aber auch hier gilt: Es gibt nicht die eine ideenfreundliche Farbe oder das eine innovationsfreundliche Musikstück. Vielmehr ist wichtig, für die jeweilige Phase eines kreativen Prozesses die geeignete Umgebung auszuwählen.

Inspiration finden Sie in Berlin, Inkubation in Brandenburg. Blau fördert die Konzentration und das konvergente Denken, ein warmes Orange fördert das Assoziieren und das divergente Denken. Mindestens 750 Lux Lichtstärke, wie am Arbeitsplatz vorgeschrieben, sind gut für die Augen bei intensiver Recherchearbeit. Gut für die Ideenfindung allerdings kann auch schummeriges Kerzenlicht sein – oder sogar Dunkelheit. Ruhe hilft der Fokussierung, die 70 Dezibel Geräuschkulisse eines Kaffeehauses wiederum fördern den kreativen Austausch.

Je mehr Umgebungen Sie zur Auswahl haben oder je flexibler Sie Ihre Umgebung verändern können, umso wirksamer können Sie der Kreativität auf die Sprünge helfen. Beobachten Sie sich beim kreativen Arbeiten selbst, und versuchen Sie herauszufinden, welche Orte und Umgebungen für Sie am besten funktionieren.

Kreatives Arbeiten gelingt in Umgebungen, die frei sind von gefühlter Kontrolle und negativem Stress. Flexible Räume und Arbeitsplätze ermöglichen es, die optimale Situation für die jeweilige Phase des kreativen Prozesses herzustellen. Auch konventionelle Arbeitsplätze lassen sich kreativer gestalten und nutzen.

30

4.3 Ideen managen

Ideen sollten unter Kollegen, in Teams und in Organisationen nicht nur willkommen sein, sie sollten auch systematisch gesammelt, dokumentiert, mit Feedback bedacht und schließlich ausgewertet werden. Denn ohne eine entsprechende Arbeitsmethodik werden selbst aus den besten Ideen keine Innovationen.

Ideenmanagement im Unternehmen

Auf Unternehmensebene ist ein Ideenmanagement sinnvoll. Meist handelt es sich hierbei um eine Plattform im Intranet, auf der Ideen und Vorschläge eingestellt werden, die dann Feedback oder Votings erhalten und in den Innovationsprozess des Unternehmens eingespeist werden. Sollte es eine solche Plattform in Ihrem Unternehmen geben, nutzen Sie diese und ermutigen Sie auch Kollegen dazu. Sollte es kein Ideenmanagement geben, fragen Sie Ihre Vorgesetzten, in welcher Form Sie Ideen und Vorschläge einbringen können –

und welche Art von Feedback Sie erwarten dürfen. Durch diese Frage setzen Sie einen Impuls und positionieren sich als Innovator.

Ihr individuelles Ideenmanagement

In jedem Fall aber sollten Sie Ihr eigenes, individuelles Ideenmanagement betreiben:

- Wann und wo immer Ihnen eine Idee einfällt, dokumentieren Sie diese sofort.
- Sorgen Sie dafür, dass eine Dokumentation jederzeit möglich ist: durch Ideenbücher, Audioaufzeichnung, Flipcharts, Notizkarten etc.
- Dokumentieren Sie auch kleine und unscheinbare Einfälle – diese können im richtigen Moment das fehlende Puzzleteil sein.
- Definieren Sie geeignete Kategorien für die Ablage: zum Beispiel nach Projekten, Technologien oder Kollegen, für die eine Idee relevant sein könnte.
- Teilen Sie Ideen und Inspirationen sofort mit Kollegen, wenn diese daraus einen Nutzen ziehen könnten.
- Scannen Sie Ihren Ideenfundus regelmäßig und entwickeln Sie die Favoriten weiter.

In Teams und Gruppen hat sich die „Post-it-Methode" bewährt: Alle Ideen werden stichwortartig auf Post-its notiert und ggf. mit kleinen Scribbles versehen. Die Post-its werden an eine Wand oder Tafel geklebt und von den Ideengebern kurz erläutert. Es folgt ein Ranking, bei dem jeder Teilnehmer der Gruppe drei Klebe-punkte auf die Post-its verteilen kann. Nur die Ideen mit den meisten Punkten werden weiterverfolgt.

Ideen sollten systematisch erfasst und im jeweili-gen Netzwerk geteilt werden. Methoden des Ide-enmanagements finden sich in Unternehmen häufig im Intranet. In Workshops kommen Boards und Pinnwände zur Anwendung. Auch individuell sollte dafür gesorgt werden, dass spontane Ideen jederzeit festgehalten werden, um nicht verloren zu gehen.

4.4 Innovationsklima schaffen

Falls Sie in Führungsverantwortung sind, haben Sie großen Einfluss darauf, ob in Ihrer Organisation ein kreatives Klima entsteht oder nicht. Die Harvard Pro-fessorin Teresa M. Amabile hat untersucht, welche – subjektiv wahrgenommene – Arbeitsumgebung Men-schen intrinsisch zu kreativem Denken und Handeln motiviert. Die folgenden fünf Faktoren sind für Füh-rungskräfte und Teamleiter ein guter Kompass auf dem Weg zur Innovationskultur.

Aktive Ermutigung
Ermutigen Sie Mitarbeiter, ihre eigenen Ideen zu kom-munizieren und eigenen Ideen nachzugehen. Wert-

schätzen Sie ungewöhnliche Ideen und Gedanken. Stellen Sie klar, dass Ideen, Vorschläge, Alternativen jederzeit willkommen sind. Erwähnen und reflektieren Sie Ideen von Mitarbeitern und Kollegen. Und leben Sie damit, dass andere Menschen andere – und vielleicht bessere – Ideen haben könnten als Sie selbst.

Freiheit für eigene und neue Lösungswege

Definieren Sie Ziele, aber nicht den Weg dorthin. Geben Sie Ihren Mitarbeitern oder Ihrem Team die Freiheit, eigene Ideen umzusetzen. Definieren Sie einen Zeitraum für den kreativen Prozess, und legen Sie einen Zeitpunkt zum Sichten und Bewerten der Ergebnisse fest. Vermeiden Sie Bewertungen während der kreativen Arbeitsphase.

Bereitstellung von Ressourcen

Stellen Sie Mitarbeitern die notwendigen Werkzeuge zur Verfügung, schaffen Sie Zugang zum notwendigen Wissen und definieren Sie Freiräume und „Frei-Zeiten" für das kreative Arbeiten. Frei meint hier: frei vom Tagesgeschäft, frei von Ablenkung (E-Mail, Telefon) und frei von Zwängen und Ordnungen (Outfit, Sitzordnung, Sprachcode, Statusgehabe etc.).

Hürden und Hemmnisse abbauen

Wenn ein Mangel an Innovationskultur besteht, dann meist nicht, weil Menschen nicht kreativ sind, sondern weil sie aktiv daran gehindert werden. Die beiden größten Kreativblocker sind: gefühlte Kontrolle und starre Regeln. Schauen Sie Ihren Mitarbeitern also beim kreativen Arbeiten nicht ständig und bewertend über die Schulter. Und lassen Sie zu, dass im kreativen Prozess Strukturen durchbrochen werden.

Herausforderungen schaffen, Sinn stiften

Menschen sind motiviert, wenn sie ihre eigene Wirksamkeit erleben. Das Mitwirken am Erreichen eines ehrgeizigen Ziels oder einer sinnstiftenden Vision setzt kreative Energien frei. Ziele und Visionen vermitteln sich allerdings nicht durch strategisches Kauderwelsch, sondern durch starke Bilder und persönliche Identifikation. Beides unterstützen Sie, wenn Sie als Führungskraft ein lebendiges Zielbild kommunizieren – und selbst für die Herausforderung brennen.

Kreativer arbeiten ist in fast allen Berufen möglich, wenn auch mit unterschiedlichen Freiräumen. Notwendig dafür sind:

30

- **Zeitfenster frei von Tagesgeschäft und Ablenkungen**
- **inspirierende Umgebungen und flexible Räume**
- **Systematik beim Sammeln und Auswerten von Ideen**
- **Freiheit von negativem Stress und ständiger Kontrolle**
- **ein ermutigendes und motivierendes Arbeitsklima**

Fast Reader

1. Sichtweisen auf Kreativität

Erfolg im Job hängt von Kreativität ab. Denn Kreativität ist eine Voraussetzung für Innovation. Eine gute Idee – per Definition das Neue und zugleich Nützliche – sorgt für Differenzierung und für Vorteile im Wettbewerb.
Gute Ideen entstehen nicht durch einzelne geniale Persönlichkeiten, sondern in gut vernetzter und vertrauensvoller Zusammenarbeit. Die notwendigen Fähigkeiten und Methoden lassen sich aneignen und trainieren. Begeisterung und offene Kommunikation beschleunigen den Prozess.

30 **Kreativität wurde ursprünglich als Gabe, dann als Persönlichkeitsmerkmal aufgefasst. Im Job stehen jedoch der kreative Prozess und die kreative Zusammenarbeit im Vordergrund:**
- **Zur kreativen Leistungsfähigkeit gehören Fach-Skills, Kreativ-Skills und intrinsische Motivation.**

- *In einem kreativen Team sind unterschiedliche Kompetenzen und Rollen erforderlich.*
- *Ein kreativer Prozess durchläuft verschiedene Phasen, in denen unterschiedliche Methoden zur Anwendung kommen.*
- *Die Phasen eines kreativen Prozesses sind: Aufgabenstellung, Präparation, Ideenproduktion, Validierung und Umsetzung.*
- *Die Kreativität von Mitarbeitern ist zentraler Erfolgsfaktor für Innovation.*
- *Innovativ ist nur, was die Zielgruppe oder der Auftraggeber als neu und nützlich bewertet.*

2. Kreative Grundprinzipien

Unserem beruflichen Denken und Handeln liegen bestimmte Prinzipien zugrunde. Wer kreativ arbeiten will, braucht andere Prinzipien als jemand, der Prozesse noch effizienter machen will.
Aus der Vielzahl aller Kreativtechniken lassen sich einige Grundprinzipien herausfiltern. Sie zielen darauf ab, etwas Neues und Nützliches zu erschaffen – für den Kunden, für den Arbeitgeber oder das eigene Unternehmen, für die Gesellschaft oder auch „nur" für sich selbst.

Zu den kreativen Grundprinzipien gehört:
- *Muster und Gewohnheiten zu durchbrechen und Annahmen zu hinterfragen*

- *Offenheit für neue Herausforderungen sowie Veränderungsbereitschaft zu entwickeln*
- *die richtigen Fragen zu stellen und viele Inspirationsquellen zu nutzen*
- *in Bildern zu denken, Vorstellungskraft und Fantasie zu nutzen und vielfältig zu kombinieren*
- *offen und vertrauensvoll zu kommunizieren und Netzwerke zu pflegen*

3. Kreative Kommunikation

Kommunikation spielt für Kreativität im Job eine herausragende Rolle. Denn Kreativität in Organisationen erfordert den Austausch von Erfahrungen und Erkenntnissen sowie die Kombination von Kompetenzen und Ressourcen. Hierfür ist die Vernetzung über die Grenzen von Teams, Abteilungen oder Unternehmen hinaus notwendig.

30 **Kreative Kommunikation ist der offene und vertrauensvolle Austausch von Ideen und Erfahrungen. Sie fördert Innovation und schafft Werte. Dies betrifft alle Ebenen:**
- *das Gespräch zwischen Kollegen am Arbeitsplatz*
- *den Dialog im kreativen Projektteam*
- *den Austausch auf Tagungen und Konferenzen*

- *Crowdsourcing-Plattformen und Co-Creation*
- *Netzwerken – online und offline*

4. Kreatives Arbeiten

Der Wunsch, kreativer zu arbeiten, lässt sich nicht nur durch „kreative Berufe" erfüllen. Allerdings kollidiert er in vielen Berufen mit den Anforderungen des Tagesgeschäfts – oder scheitert an einer nicht vorhandenen Innovationskultur. Der Weg zu einer kreativeren Arbeitsweise ist deshalb häufig in kleinen Schritten zu gehen und erfordert Eigeninitiative. Manchmal auch harte Konsequenzen wie den Wechsel des Arbeitgebers oder den Weg in die Selbstständigkeit.

Kreativer arbeiten ist in fast allen Berufen möglich, wenn auch mit unterschiedlichen Freiräumen. Notwendig dafür sind:

- **Zeitfenster frei von Tagesgeschäft und Ablenkungen**
- **inspirierende Umgebungen und flexible Räume**
- **Systematik beim Sammeln und Auswerten von Ideen**
- **Freiheit von negativem Stress und ständiger Kontrolle**
- **ein ermutigendes und motivierendes Arbeitsklima**

30

Der Autor

 Bernhard Wolff macht Lust auf Ideen: Er ist Unternehmer in der Kreativwirtschaft und Experte für Live-Kommunikation. Der ausgebildete Werbekaufmann und Diplom-Wirtschaftspädagoge gibt sein Wissen als Autor, Dozent und Berater weiter und ist gefragter Keynote Speaker auf internationalen Konferenzen. Seine Think-Theatre GmbH in Berlin hat als Kreativagentur bereits über 500 Tagungen und Events für zahlreiche große Unternehmen mitgestaltet.

Als Moderator und Entwickler von Workshops weiß Bernhard Wolff, was Menschen kreativer macht und wie Ideen in Teams und Großgruppen entstehen. Bernhard Wolff ist als „Rückwärtssprecher" bekannt aus über 50 TV-Shows und unter anderem Autor des Buchs „Titel bitte selbst ausdenken" (GABAL, 2016).

Kontakt:
Bernhard Wolff
wolff@think-theatre.de
www.bernhard-wolff.de

Weiterführende Literatur

- Amabile, Teresa M.: Creativity in Context. Boulder: Westview Press, 1996.

- Amabile, Teresa M.: A Modell of Creativity and Innovation in Organizations. Research in Organizational Behavior, Vol. 10, 1988.

- Csíkszentmihályi, Mihály: Creativity. Flow and the Psychology of Discovery and Invention. New York: Harper Perennial, 1997.

- De Bono, Edward: Serious Creativity. Using the Power of Lateral Thinking to Create New Ideas. Des Moines: McQuaig Group Inc., 1992.

- Kelley, Tom: The Ten Faces of Innovation. New York: Doubleday, 2005.

- Kelley, Tom/Kelley, David: Creative Confidence. London: William Collins, 2013.

- Ramaswamy, Venkat/Kerimcan, Ozcan: The Co-Creation Paradigm. Stanford: Stanford University Press, 2014.

- Sawyer, R. Keith: Explaining Creativity. Oxford: Oxford University Press, 2006.

- Sternberg, Robert J. (Hrsg.): Handbook of Creativity. Cambridge: Cambridge University Press, 1999.

- Winkelhofer, Georg: Kreativ managen. Ein Leitfaden für Unternehmer, Manager und Projektleiter. Berlin/Heidelberg: Springer, 2006.

- Wolff, Bernhard: Innovationsklima schaffen – ideenreich tagen. In: Granig, Peter/Hartlieb, Erich (Hrsg).: Die Kunst der Innovation. Von der Idee zum Erfolg. Wiesbaden: Springer Gabler, 2012.

- Wolff, Bernhard: Titel bitte selbst ausdenken – 157,5 erfolgreiche Ideenbeschleuniger. Offenbach: GABAL Verlag, 2016.

Register

... DIESES BUCH GIBT ES AUCH ALS VORTRAG!

Buchen Sie BERNHARD WOLFF als Gastredner:
inspirierend, unterhaltsam und interaktiv.
Für Tagungen, Konferenzen, Kundenevents.
Und überreichen Sie dieses Buch als Geschenk
oder Give-Away!

JETZT UNVERBINDLICH ANFRAGEN:
info@think-theatre.de
www.bernhard-wolff.de

BERNHARD
WOLFF MACHT
MENSCHEN KREATIVER